围填海造地及其管理制度研究

胡斯亮 著

中国海洋大学出版社
·青岛·

图书在版编目(CIP)数据

围填海造地及其管理制度研究 / 胡斯亮著. —青岛：中国海洋大学出版社，2014.8

ISBN 978-7-5670-0703-1

Ⅰ. ①围… Ⅱ. ①胡… Ⅲ. ①填海造地—研究 Ⅳ. ①TU98

中国版本图书馆 CIP 数据核字(2014)第 182456 号

出版发行 中国海洋大学出版社
社　　址 青岛市香港东路 23 号　　邮政编码 266071
出 版 人 杨立敏
网　　址 http://www.ouc-press.com
电子信箱 pankeju@126.com
订购电话 0532—82032573(传真)
策划编辑 潘克菊
责任编辑 毕玲玲　　电　　话 0532—85902533
印　　制 日照报业印刷有限公司
版　　次 2015 年 3 月第 1 版
印　　次 2015 年 3 月第 1 次印刷
成品尺寸 160 mm×218 mm
印　　张 15.25
字　　数 290 千
定　　价 36.00 元

摘要

随着沿海地区经济的快速发展以及人口增长压力的日益增大,土地资源、空间资源短缺的矛盾越来越突出,对海洋进行围垦已经成为各国沿海地区拓展土地、空间,缓解人地矛盾的重要途径之一。

纵观国内外围填海的发展历史,可以发现围填海造地的效益分为正面效益与负面效益两方面。正面效益主要体现在社会经济方面,而负面效益主要体现在自然和生态方面,累积性负面效益更集中表现在资源影响上。在一定时期内,人们忽视了围填海造地的负面效益,只注重正面的经济效益,使得自然生态结构和资源的破坏反过来阻碍或减缓了社会经济的发展,并直接影响到区域社会经济的持续发展问题。海域资源的稀缺性、海洋环境的脆弱性和不可逆转性都决定了对待围填海造地必须持极其谨慎的态度,这也对政府加强围填海管理提出了客观要求。外部效应理论、海岸带综合管理理论、海陆一体化与区域协调发展理论是政府加强围填海造地管理的理论依据。基于上述理论,建立规范的围填海管理的制度框架,成为我国向海洋要土地、要空间的必然政策趋向。

我国围填海造地的历史变迁与北海区、东海区、南海区的典型围填海案例表明,虽然我国围填海造地的正面效益比较突出,增加了土地供给,缓解了沿海用地紧张的局面,且在一定程度上缓解了内陆地区的环境压力,但其负面效益也不容忽视:海湾面积锐减、海湾属性弱化;海岸自然景观遭到破坏;生态系统功能退化;造成资源利用冲突,加剧产业之间的矛盾;激化了社会矛盾,增加了社会的不稳定因素等。

面对新的发展形势，我国必须审时度势，准确评价围填海造地的经济效益、社会效益与生态环境效益。本文在综合考虑围填海造地的生态环境效益、经济效益和社效益以及指标可获得性的基础上，构建了三层综合效应评价指标体系，运用市场价值法、专家评估法和问卷调查法、影子工程法等评估方法，对分析指标层各指标进行了说明和计算解释，采用分层次筛选法与综合指数评价法对围填海造地各种效益进行了综合评价。其中，以南部海区广东省为例，从水动力条件、海洋冲淤条件、海洋环境质量和生物资源四个角度实证分析了围填海造地的生态环境效益；以北部海区河北省为例，从经济价值损益，对农业、盐业、运输业和旅游业的影响等角度实证分析了围填海造地的经济效益；以东部海区福建省为例，实证分析了围填海造地的社会效益，包括人口和就业、基础设施和公共服务、抵御灾害能力和景观效应的积极和消极影响。

巨大经济效益以及由此引发的资源、环境和社会问题，表明政府加强围填海造地管理的重要性与必要性。以 20 世纪 90 年代为界，我国对围填海造地的管理与制度建设可以分为两个阶段。20 世纪 90 年代以来，我国的围填海造地管理制度主要包括相关法律法规，以及海洋功能区划制度、海域权属管理制度、海域有偿使用制度、环境影响评价制度以及海域使用论证制度等围填海造地管理制度。上述规章制度的实施在一定程度上规范了围填海造地行为，但在围填海专门法律法规建设、具体管理制度、管理体制、监管体制等方面存在一些亟待健全、规范与完善的内容。上述问题的存在主要是由于海域权属观念淡薄、缺少必要的法律法规和政策支持、多部门管海、职能冲突、对海岸带缺乏综合规划和管理等原因造成的。由于我国围填海造地管理制度还不够健全，海域管理法律、法规和配套规章制度体系尚需逐步完善，加上各省市区海域使用立法工作发展不平衡，给我国海洋资源与环境的可持续发展以及经济社会等方面带来了一定的消极影响。

作为拓展生存空间和发展空间的重要手段，围填海造地在世界上其他沿海国家已得到广泛实践。根据各国围填海造地的目的不同,可以分为生存安全需求主导型(如荷兰)、工业化发展需求主导型(如日本)、城市化发展需求主导型(如美国)三种主要模式。这些国家围填海造地的历史和管理措施的变迁,为我国完善围填海管理规章制度提供了较好的经验作为借鉴。

21世纪,我国沿海地区围填海造地呈现新的发展趋势,针对我国围填海造地存在的问题以及管理制度的缺陷,通过制度创新,进一步加强围填海造地管理,成为当前我国实现海洋经济可持续发展的必然选择。基于海洋综合管理的需要,继续规范政府规制制度:建立健全围填海造地相关的法律法规体系;建立相对集中、统一的海洋综合管理体制;规范微观控制制度,加强政府管理围填海项目的制度基础。基于围填海造地项目过程管理的需要,需要理顺下列管理流程:搞好围填海造地的全面综合规划与管理;建立并完善围填海造地的战略论证制度;严格围填海项目的审批制度;建立围填海项目的跟踪检查和动态监测机制;建立围填海造地的后评估制度;等等。

A Study on Land Reclamation and Its Management Systems

Abstract

With the rapid economic development in coastal areas, the increasing pressure of population growth and the contradiction between shortage of the land resources and the space resources become sharper and sharper, so reclamation of the ocean has become an important way to develop lands' area and space, and to ease the contradiction between humanity and land.

Throughout the history of the development of domestic and external reclamation, we can find the impact of land reclamation can be divided into positive results and negative results. Positive results are mainly reflected in the socio-economic aspects, while the negative impact is mainly reflected in the natural and ecological aspects, especially the cumulative negative impact is more focused on the effect of resources. During a certain period, people ignored the negative effects of confining land reclamation, focusing only on positive economic benefits. The destruction of natural ecology and resources, in turn, hinder or slow down the socio-economic development, directly reflecting the sustainable development of regional socio-economic aspects. The scarcity of marine resources, the vulnerability and irreversibility of marine environment determine that the government should hold very cautious approach when treating land reclamation, and strengthen the management of reclamation. External effect theory, integrated management of coastal zone theory, integration of land and sea and regional coordination development theory is the theoretical basis for the government to strengthen the management of land reclamation. Based on the above theories, establishing a standard framework for reclamation management system has become the necessary policy trend for our government obtaining land and space from the ocean.

Historical changes of China's land reclamation and the typical reclamation cases of the North sea area, the East sea area, the South sea area indicate that although the positive effects of China's land reclamation is prominent, which increases land supply, ease the tension of coastal land, and ease the pressure on the environment of inland areas to some extent, however the negative impact of reclamation can not be ignored. Reclamation will lead to sharp drop in the gulf area, weak of the gulf property and degradation of ecosystem function. The natural landscape of coastal will be destroyed. It will cause the conflict of using of resources, intensify the contradiction between industries, and intensify social contradictions, increase social instability, etc.

In face of new development situation, China must size up the situation; accurately make an estimate the economic, social and eco-environmental benefits of land reclamation. Considering these three aspects of effectiveness as well as availability of indicators, the paper constructs a three-tier combined effects' evaluation system, using the assessment methods such as market value method, expert assessment method, questionnaire survey method and shadow project method, etc. Each index of indicator level are described and calculated to explain. It comprehensively evaluates the various benefits of the land reclamation, using stratified screening method and comprehensive index evaluation method. Among them, the thesis empirically analyze the ecological environmental benefits of reclamation from hydrodynamic conditions, marine sediment conditions, marine environment quality and biological resources these four angles by giving Guangdong province in the South sea as an example, analyze the economic benefits of reclamation with economic profit value, the influence of agriculture, salt, tourism, transportation as the content by giving Hebei province in the North sea as an example, analyze the social benefits of reclamation including population and employment, infrastructure and public service, the ability to resist disasters and positive and negative of the effects landscape effect by giving Fijian province in the East sea as an example.

Great economic benefits and the arising resources, environmental and social problems show that the importance and necessity of government's strengthening the reclamation management. Management of land reclamation and institution building around our country can be divided into two phases fringing by 1990's. Since then our management system around the land reclamation mainly includes the relevant laws and regulations, as well as reclamation management system such as marine function zoning system, marine tenure management system, marine paid use system, environmental impact assessment system and marine using demonstration system, etc. The implementation of these rules to some extent regulates the reclamation act, but there are some problems to improve, standardize and perfect in the specific reclamation laws and regulations, specific management system, management framework, monitoring system etc. The problem exists mainly due to a weak sense of marine ownership, the lack of necessary laws, regulations and policy support, multi-sector controlling the sea, the conflict of functions, lack of integrated coastal zone planning and management and other reasons. Our country's management system around reclamation is not yet perfect. Marine management laws, regulations and supporting regulatory systems still need to be gradually improved, together with uneven development of various provinces and the cities using the legislation to marine resources. All of these brought about a certain negative impact to the sustainable development of China's marine resources, the environment and economic and social aspects.

Land reclamation is widely practiced in other coastal countries as an important tool to expand living space and develop space. According to the causes of each country, the type of land reclamation reclamation can be divided into these three modes, the first one is life security demand mode, such as Netherlands, the second one is the industrialization demand mode such as Japan, the last one is the urbanization demand mode such as America. The history of land reclamation and changes of management measures in these countries provide good experience for our country to improve the management regulations of the reclamation.

In the 21st century, land reclamation around our coastal areas presents a new trend. It has become the inevitable choice for our country to realize sustainable development of marine economy and to aim at the existing problems of the reclamation and defects of management system, to further strengthen the reclamation management through the system innovation. We should continue to regulate the government regulation system based on the comprehensive marine management needs. To achieve this goal, we should establish land-reclamation related system laws and regulations, establish the relative centralization, unified comprehensive marine management system, establish standard micro control system, and strengthen the system foundation of government's management of reclamation projects. In addition, we should streamline the administrative process, based on the needs of the management of land reclamation projects process. To achieve this objective, we should improve land reclamation about the comprehensive integrated planning and management, establish and improve land reclamation about the strategic demonstration system, strict the reclamation project about the examination and approval system, establish reclamation projects about track inspection and dynamic monitoring mechanism, and establish land reclamation about assessment system after the projects, etc.

目　录

0 引言

0.1 研究背景与研究目的

海洋是地球上所有生命的摇篮，它既是生命的诞生地，又是生命存在和发展必不可少的条件，因此，海洋为人类社会可持续发展提供了宝贵的空间和财富。海岸带是指海洋和陆地相互作用的地带，即由海洋向陆地的过渡地带。现代社会对海岸带的定义包括从波浪所能作用到的深度向陆地延伸至暴风浪多能达到的地带，一般认为向海延伸至 20 m 等深线，向陆延伸 10 km 左右。海岸带是临海国家宝贵的国土资源，同时也是海洋开发、经济发展的基地，以及对外贸易和文化交流的纽带，被称为第一海洋经济区。独特的地理优势以及资源优势使得海岸带地区成为地球上人类活动最频繁的地区，世界上绝大多数国家的经济发达地带都是临海或距海较近地区。

随着沿海地区经济的快速发展以及人口增长压力的日益增大，土地资源、空间资源短缺的矛盾越来越突出，对海洋进行围垦已经成为各国沿海地区拓展土地、空间，缓解人地矛盾的重要途径之一。高人口密度的海岸带地区存在“土地赤字”的问题，而且填海造地成为人们解决这个问题的主要方式。我国从上世纪五六十年代开始围填海活动，到上世纪末，沿海地区围填海造地面积达 1.2万平方千米，平均每年围填海 230～240 平方千米。考虑到保护海洋环境，在《海域使用管理法》实施后，国家每年围填海规模都控制在100 多平方千米左右。据统计，自 2002 年《中华人民共和国海域使用管理法》(以下简称《海域使用管理法》)实施以来至2009年底,共批准实施的填海面积741平方千米,为沿海地区社会经济的发展发挥了重要作用。

围填海造地带来了巨大的社会经济效益,如增加了食物供给(用围填海新增的土地来发展农业)、吸引更多的投资(用围填海新增土地来发展工业)、为城市提供新的发展空间等。但同时,我们也清醒地认识到,由围填海造地带来的海洋与海岸线生态系统自然属性的永久性改变,会把原来海洋与海岸带生态系统为人们提供的其他服务,如净化陆源污染物、保护岸线、调节全球水动力和气候、吸收二氧化碳和释放氧气、休闲娱乐等被完全破坏掉。此外,还会带来诸如海洋泥沙淤积、海洋环境质量下降、渔民赖以为生的空间丧失以及生境退化和海岸带生物多样性减少等问题。例如,珠三角地区就因围填海造地受到了沉痛的教训。清朝中后期,人们为了短期得到耕地,采取"围填海造地"做法对珠江三角洲滩涂进行垦殖。然而,石坝筑在江河出海口,侵占了深水道,造成了泥沙淤积,水道越来越窄。在大雨时节,由于河流能量不能及时宣泄,酿成了水患。而到今天,汕头港由于围填海,港口越围越狭窄,纳潮量不够,造成了内河严重污染,代价沉重。

另外,围填海造地与其他海洋开发利用之间的冲突逐渐凸显,由此引发的诸多问题如盲目、非法围填海等,正在给沿海地区经济社会发展带来深刻影响。如果不及时加以规范,不仅会对有限的岸线资源造成极大破坏,大大增加海洋环境与生态压力,也必将对国民经济宏观调控的有效实施造成一定影响。面对这些问题,人们必须在围填海造地增加土地供给和海洋与海岸带生态系统的其他服务之间进行权衡、取舍,使海洋与海岸带生态系统效益最大化,达到海岸带地区的可持续发展。

近年来,个别地方过度开发,不科学地填海造地、围滩造田,尽管增加了土地资源,但对海洋资源造成了严重破坏。据国家海洋局的统计资料显示,2002年我国围填海造地为2 033 hm^2,2007年达到了13 425 hm^2,5年间增加了5倍多,2008年由于《海域使用管理法》的实施，以及在国家海洋等主管部门的努力下，围填海造地的势头得到了遏制，减少到 11 000.71 hm^2。为此，国务院领导曾多次指示，“围填海造地应该有规划和管理”“抓紧制定围填海的管理办法，以整顿秩序，控制规模，合理利用”。2009 年底，国家发展和改革委员会、国家海洋局按照国务院领导批示精神，联合下发《关于加强围填海规划计划管理的通知》，确定从 2010 年开始，将围填海正式纳入国民经济和社会发展年度计划，对围填海年度总量计划管理，这表明我国合理开发利用海域资源、整顿和规范围填海秩序已迈出了实质性的步伐，具有重要意义。

但 2010 年以前的情况是，围填海项目主要通过行政审批方式出让海域使用权，市场配置作用尚未充分发挥，围填海新建设用地游离于全国宏观调控体系之外，尚未纳入国民经济和社会发展计划。同时缺少对围填海面积和规模的控制，在实际管理工作中容易造成局部海域围填海速度快、面积大、范围广又缺乏有效的制约手段的现象，这也是导致无法有效规范、控制各地围填海狂潮的主要原因。此外，国务院已批准了辽宁、河北、天津、江苏、福建、广东、广西等地的沿海区域规划，如何确保这些区域规划的顺利实施，在保障国家和地方重大建设项目围填海需求的同时，促进海域资源的集约节约利用，也是当前海洋管理部门面临的一个难题。

世界发达国家在深入调查研究的基础上，按照本国的国情，制定了相应的围填海的管理措施。我国在围填海的管理方面相对落后于国外发达国家，尚未形成有效的科学评估与管理体系。因此，应从海洋资源可持续开发、利用的角度出发，兼顾保护生态环境与最大限度地满足国家与地方经济发展对围填海的需要，评价围填海造地的生态环境效益、经济效益、社会效益；并在此基础上梳理我国围填海造地管理制度及其实施情况，揭露管理体制、环境影响评价制度、海域使用制度、监管体制等管理制度等存在的主要问题，总结其成因及其消极影响。在借鉴国外围填海造地管理经验的基础上，遵循科学、合理、有序开发利用海岸和自然资源的原则，重视对海洋及陆地环境的保护，统筹考虑围填海造地，完善我国的围填海造地管理制度,寻求最科学合理的方案,已成为当前我国实现围填海造地最大综合效益、海岸带可持续安全发展的必然选择,这也是本论文的研究目的。

0.2 国内外研究现状与发展动态

0.2.1 国外研究现状及发展动态

1.关于海岸带管理的研究

世界上对围填海造地管理的研究首先起源于对海岸带管理的研究。随着开发活动的推进和人们对海岸带资源体系认识的加深,为了适应海岸带开发利用与保护的需要,各国学者开始对海岸带管理进行研究。Cicin-Sain 和 Knecht(1998)[①]在研究海岸带综合管理时认为,海岸带的范围应包括内陆流域、海岸线及独特的土地类型、近海海岸带和河口水域以及被海岸带影响或者影响海岸带的海洋。国际上在海洋和海岸带管理理论领域成果较为显著的是美国的约翰·克拉克(2001)[②],他通过对环境影响和各种方法的描述,介绍了海岸带综合管理(ICMZ)的过程。Mazlin B. Molthtar,Sarah Aziz 等(2003)[③]介绍了马来西亚在海岸带综合管理上所采用的生态系统管理方法的经验。Julia McCleave(2003)[④]等介绍

---

① Cicin-Sain Billana, Knecht Robert. Integrated Coastal and Ocean Management: Concepts and practices [M]. Washington, D. C: Island Press, 1998.

② 克拉克著,吴克勤,杨德全,盖明举译.海岸带管理手册[M].北京:海洋出版社,2001.

③ Mazlin B. Molthtar, Sarah Aziz Bt. A. Ghani Aziz. Integrated Coastal Zone Management Using the Ecosystem Approach, Some Perspectives in Malaysia [J]. Ocean&Coastal Management, 2003(46).

④ Xue Xiongzhi, Hong Huasheng. Lessons learned from "decentralized" ICM: an analysis of Canada's Atlantic Coastal Action Program and China's Xiamen ICM Program Julia McCleave[J]. Ocean & Coastal Management, 2003(46): 59-76.

了加拿大在 Atlantic Coastal Action Program(ACAP)行动中采用的以社区为管理主体的、"自下而上"的非集中式海岸带管理模式中所取得的经验。Marcel Taal、Jan Mulder(2006)①对荷兰的海岸带管理、政策、知识架构等进行了分析。Gustavson 等(2009)②对坦桑尼亚的海岸带综合管理框架进行了介绍。

2. 围填海造地的实践与管理研究

围填海造地是各国为了增加土地需要向海洋要地产生的,世界上围填海造地比较典型的国家主要有荷兰、日本、美国、韩国等,各国学者对这些国家的围填海造地进行了较详细的研究。Davis(1987)③对日本填海造地进行了较详细的研究,指出日本在 11 世纪就有了围填海造地的历史记录,特别是从 20 世纪 50 年代末起,全国大规模围填海造地愈演愈烈。到了工业化后期,围填海造地工程仍然具有吸引力,其主要原因一是大陆地产的价格昂贵;二是旧城许多地区都缺乏改造发展所必需的基础结构设施,如道路及排污系统等,导致在内陆进行建设成本很高。对围填海造地后的生态积累效应和造成的环境影响的研究也不少,如 Mahmood 和 Twigg(1995)④发现填海与地下水位抬升之间有一定的关系,他们认为填海区水位的上升会导致土地承载力的下降从而使填海区建筑物出现沉降现象。另外,填海也会导致其他工程问题,包括地下水面上升引起的建筑物的基底表层损害以及地基中混凝土结构的腐蚀等。Yip、Poon 和 Gowda(1997)⑤在研究香港岛的填海区中发

① Marcel Taal, Jan Mulder. 15 years of coastal management in the Netherlands: Policy, implementation and knowledge framework. National Institute for Coastal and Marine Management [M], 2006.

② Gustavson. K, Kroeker. Z, Walmsley. J, Juma. S. A Process framework for coastal zone management in Tanzania [J]. Ocean & Coastal Management, 2009, 52(2).

③ Davis. Reclamation in Japan[J]. Nature, 1987(325).

④ Mahmoodhr, Twiggdr. Statistical analysis of water table Variations in Bharain [J]. Quarterly Journal of Engineering Geology, 1995, 28: 63-64.

⑤ Yip S Y. The Ecology of Coastal Reclamation in HongKong [D]. HongKong: University of HongKong, 1978.

现填海导致湿地和海洋环境的损害。Lee,H. D. ,H. B. Chang(1998)①将韩国20世纪90年代以后的围填海造地情况分为六个时期,并对各时期围填海项目的数量、面积规模等进行了详细的统计及评价。De Groot,R S Wilson等(2002)②认为围填海造地给生态环境带来了一系列的负面影响,从生态系统服务功能角度来看,这些影响主要表现在对生境功能的影响、对调节功能的影响、对生产的影响、对信息功能的影响。Pew Oceans Commission(2005)③编著的《规划美国海洋事业的航程》中指出,美国学者通过研究发现,土地用途的改变会对流域的生态环境质量、水温和污染物等方面产生严重影响,因而海岸带城市化的推进对生态环境的影响是显而易见的。Dong-Oh Cho(2006)④在韩国海洋水产部提交的政府工作报告中,对韩国和美国的围填海造地管理的研究进行了比较分析。杉本博(2006)认为,日本围填海造地在得到大量新土地、经济获得发展的同时,也面临着大量的海洋环境污染问题,日本也为此设立了专门的"再生补助项目"。现在日本国内要再申请新的填海工作,基本上是被禁止的,除了城市垃圾的填埋,而填埋垃圾前都需要由专家们进行环境调查和评估。Park和Kim(2009)⑤则对韩国洛东江河口大规模围垦后大叶藻属海沙蝎的现状和生态作

① Lee,H. D. ,H. B. Chang. Economic valuation of tidal wetlands in Korea: Economic and Policy implication [M]. Korea Maritime Institute and University of Rhode Island. 1998.

② De Groot,R S Wilson,A Boumans,R J. A typology for the classification description and valuation of ecosystem functions goods and services[J]. Ecological Economics,2002(41).

③ Pew Oceans Commission. Planning the Sailing of Ocean Industry in USA [M]. Beijing: Ocean Press, 2005.

④ Dong-Oh Cho. Comparative Analysis of Ocean Governance: Republic of Korea and the U. S. ,2006. 12.

⑤ Park. S R, Kim. J H, Kang. C K, An. S, Chung. I K,Kim. J H, Lee. K S. Current Status and ecological roles of Zostera marina after recovery from large-scale reclamation in Nakdong River estuary, Korea [J]. Estuarine, Coastal and Shelf Science, 2009,81(1):38-48.

用进行了研究。

0.2.2　国内研究现状及发展动态

围填海造地在许多地区海岸带城市化过程中起到了相当大的作用，包括荷兰、英国、美国、日本、韩国、新加坡、中国①。围填海造地在一定程度上给国家和地区带来了巨大的经济效益，缓解了沿海发达城市的用地紧张状况，同时，也不得不吞下因自己疯狂行为而酿成的苦果②：过度的填海导致一些港湾外航道的水流明显减慢，天然湿地减少，海岸线上的生物数量迅速下降，由于海水自净能力减弱，水质日益恶化③；城市盲目向海上扩展，还会引发洪水、地面沉降、人为诱发地震等。围填海工程不仅会导致生态变化，也引起社会经济结构的变化，甚至带来国家争端④。

1.关于围填海造地的生态、经济和社会效应的研究

我国对围填海造地后产生的各种效应和影响研究较多，包括生态效应、经济效应、社会效应的研究，但重点主要是在生态环境效应方面。陈赟(1996)分析了荷兰围填海造地生态环境方面的负效应，由于围填海造地使大面积的滩涂和沼泽在围堤后被抽干，导致附近地区地下水位明显下降，继而造成河道泥沙淤塞和饮用水缺乏等问题，严重危害到生态环境的可持续发展。李原(1996)以珠江口三角洲、黄河口、上海崇明县以及杭州萧山区为例分析了我国围填海造地的现状，认为围填海造地扰乱了潮滩的生态平衡，改变了潮流和航道，应进行围填海造地的可行性分析，留足自然滩涂以供生物和水禽栖息，不能盲目追求经济效应而不顾环境效应。

---

①　浙江省海岸和海涂资源综合调查领导小组办公室.浙江省海岸带和海涂资源综合调查报告[M].海洋出版社，1988.

②　姜义，李建芬，康慧，等.渤海湾西岸近百年来海岸线变迁遥感分析[J].国土资源遥感，2003，4：54-55.

③　李福林，庞家珍，姜明星.黄河三角洲海岸线变化及其环境地质效应[J].海洋地质与第四纪地质，2000，20(4)：17-21.

④　李志强，陈子燊.砂质岸线变化研究进展[J].海洋通报，2003，22(4)：76-84.

罗章仁(1997)研究了香港围填海造地的历史,指出香港经历了由小规模劈山填海至大规模吹填造地阶段,但是海港填海也造成了负面影响:维多利亚港运作环境受到严重威胁、港九海峡束窄变成“河”、海港环境污染加重、城市高密度发展引起交通堵塞愈发严重等。黄玉凯(2002)总结了福建省围填海造地的综合效益和环境影响,认为适度围填海造田可补充土地资源、防治自然灾害袭击、减轻人口压力、减轻开山造地压力;但是能破坏滩涂湿地的自然属性、自然景观,改变海洋水动力条件、海湾滩涂在海洋生态功能区域中的作用,海域水环境容量下降等,并提出协调土地利用和环境保护的对策措施。陈彬(2004)通过现场调查资料与历史资料的对比,从水环境质量、海洋生物种类和群落结构等几方面分析了近几十年来福建泉州湾围填海工程的环境效应,并以纳潮量的减小定性地判断了海域环境容量的减小。慎佳泓等人(2006)研究发现杭州湾和乐清湾滩涂围垦后对植物多样性造成的影响是多方面的,建塘年代、离海塘距离、土地利用方式等都对植物多样性有不同程度的影响。俞炜炜等(2008)采用GIS技术分析了兴化湾不同时期由于围填海所造成的各生态系统类型面积变化,并借鉴Costanza等研究的生态服务功能单位价值系数,评估围填海对滩涂湿地生态服务造成的累积影响。高平益(2008)主张运用价值工程,提高围填海造地工程经济效益,包括运用科学方法降低成本;推行新工艺、新技术,寻求最佳经济效益。李京梅、刘铁鹰(2010)针对填海造地的生态环境损失,探讨了生态成本补偿问题的几个关键点,认为由于填海造地行为彻底改变了海洋资源的自然属性,并造成了资源和生态环境损失,需要一种补偿来弥补填海造地的负外部性。

2.关于围填海造地综合效益评价方法的研究

我国对围填海造地的综合评价起步较晚,目前尚处于探索之中。倪晋仁、秦华鹏(2003)应用水动力学数学模型对不同填海工程方案可能造成的潮间带面积变化进行了预测,并以此为依据进一步提出了评估填海工程对潮间带湿地生境损失影响的方法,得到了深圳湾填海面积变化与潮间带面积变化的关系。彭本荣、洪华生等(2005)[①]建立了一系列生态—经济模型，用于评估填海造地生态损害的价值以及被填海域作为生产要素的价值，并用这一模型对厦门围填海造地进行了经验估算，为制定围填海造地规划和控制围填海造地的经济手段提供了强有力的科技支撑。刘大海、丰爱平等(2006)参照会计学和环境经济学的原理与方法，运用比率分析法构建了围填海造地综合损益评价体系框架，并探讨了总量指标、比率评价指标和相关评价标准，为今后围填海造地综合损益评价提供了科学依据。苗丽娟(2007)针对目前围填海开发中存在的突出问题，探讨与研究了适合评估我国围填海造地对生态环境造成损失的方法与测算模型。刘洪滨(2008)等人采用博弈法对胶州湾的大规模围垦行为进行了分析，论述了围垦造成的环境改变和生态破坏。朱凌、刘百桥(2009)从资源利用的可持续发展角度出发，采用模糊综合评价方法对围填海造地的综合效益进行了评价，并综合考虑围填海造地所产生的经济效益、资源环境效益以及社会效益，建立了评价指标体系，探讨了围填海造地综合效益的评价方法与模型，为国家审批围填海造地项目提供了决策依据。于格、张军岩、鲁春霞等(2009)[②]根据世界各国围填海造地的发展概况，从生态系统服务功能角度对围填海造地带来的生态环境影响进行了总结，并基于层次分析法和定性与定量相结合的方法，从围填海造地对生态和环境两方面的影响选取 9 个指标，初步建立了围填海造地生态环境影响效应评价指标体系，最后以胶州湾为案例，初步估算了围填海造地对胶州湾区域生态环境的影响度。

3. 关于围填海造地实践效果的研究

国内学者对荷兰、日本等在围填海造地方面有重要影响的国家进行了较多的研究，为我国提供了可借鉴的经验。陈满荣、韩晓

① 彭本荣，洪华生等. 填海造地生态损害评估：理论、方法及应用研究[J]. 自然资源学报. 2005，20(5)：714-724.

② 于格，张军岩，鲁春霞，谢高地，于潇萌. 围填海造地的生态环境影响分析[J]. 资源科学，2009，31(2)：265-270.

非、刘水芹(2000)[①]总结了上海市围填海造地的历史和正负效应，指出围填海造地给上海市带来土地资源，为发展农业、工业、交通、城市废物处理等提供条件的同时，也对潮滩及河口地区生物资源及整个河口生态系统有负面影响，并且认为为了上海市海岸带的可持续发展，保持潮滩湿地数量上的动态平衡是完全必要的。王学昌、孙长青、孙英兰、娄安刚(2000)[②]以胶州湾为例，应用分步杂交方法建立了胶州湾边界潮流数值模型，并对其进行了模型计算，重现了该海域的潮流分布规律，并根据几个填海方案分别进行了预测计算，结果表明，填海面积越大，影响也越大，截流填海比顺流填海影响大，强流区填海比弱流区填海影响大。郭伟、朱大奎(2005)[③]指出，深圳市围填海造地造成的海洋环境影响包括西部海岸地区滩槽演变剧烈、纳潮量减少、沿海水环境污染加重、海岸生态承载力下降等，并提出未来填海工程的指导策略和整治意见，应发展与保护相结合。潘林有(2006)[④]对温州市的劈山围填海造地带来的环境问题和岩土工程问题进行了细致的分析研究，指出这些问题的灾难性和不可逆性，并提出相应对策，帮助围填海造地工程及劈山造地工程提供科学的规划，以执行可持续发展。李荣军(2006)对荷兰围填海造地的历史进行了研究，通过对荷兰基本情况、荷兰围填海造地的经验和问题，以及“退滩还水”计划的说明，指出了我国围填海造地存在的主要问题，并提出了建议。尹鸿伟(2006)指出“先填海破坏，后污染治理”的环保错位情况在经济发达的日本同样存在，日本填海带来了深刻的历史教训，围填海造地虽助推了工业发展，却造成了生态灾难，因此要认真比较收益和损

---

① 陈满荣，韩晓非，刘水芹. 上海市围填海造地效应分析与海岸带可持续发展[J]. 探索与争鸣. 2000，11：115-120.

② 王学昌，孙长青，孙英兰，娄安刚. 填海造地对胶州湾水动力环境影响的数值研究[J]. 海洋环境科学，2000，19(3)：55-59.

③ 郭伟，朱大奎. 深圳围填海造地对海洋环境影响的分析[J]. 南京大学学报，2005，41(3)：286-295.

④ 潘林有. 温州劈山围填海造地对环境及岩土工程的影响[J]. 自然灾害学报，2006，15(2)：127-131.

失,以及恢复生态所需的费用大小。何淑杰(2008)对天津临港产业区围填海造陆的经济可行性进行了研究,以项目建设的形式,对于天津港以南海域围填海造陆和配套基础设施进行方案策划和经济可行性分析,以及财务评价、国民经济评价、经济贡献评价和风险分析,并且提出风险辨识方法和防范措施,方案策划中对于临港产业区成陆进程、功能分区进行了较为合理的设想。潘建纲(2008)分析了荷兰、日本和新加坡围填海造地的态势,并介绍了海南省围填海造地的基本情况及存在的问题,预测了海南省未来围填海造地发展,提出了海南省对围填海的政策取向。任远、王勇智(2008)以温州市为例介绍了如何因地制宜进行围填海造地,并具体分析了温州的半岛工程项目及其有利影响和不利影响因素,提出进一步发挥工程的有利影响和减小不利影响的措施,为进一步加强围填海造地工程的管理提供了科学依据。孙丽、刘洪滨(2009)通过对日本、荷兰、韩国的研究发现,我国目前的围填海造地发展态势与日本 20 世纪 70 年代相似,管理方式与韩国 20 世纪 90 年代相似,海洋管理体制与荷兰相似。在对比分析后,发现日本围填海造地科学规划、严格的审批程序以及围填海的类型和技术,荷兰围填海造地管理机构的跟踪管理和连续性,韩国《公有水面埋立法》等对我国制定全国性的围填海规划具有借鉴意义。谢挺、胡益峰、郭鹏军(2009)根据舟山海域近年来海洋环境质量及发展趋势,阐述了围填海工程快速发展对舟山海域海洋环境带来的影响,并通过对连续几年监测站的布设和监测数据进行统计分析,为减轻围填海工程快速发展带来的不良影响提出对策。

4. 关于围填海造地管理政策与制度的研究

长期以来,我国对围填海造地工程多是从正面角度来报道工程所带来的社会效益、经济效益,但当越来越多的填海造地项目不断涌现后,产生的问题层出不穷,海洋行政管理部门急需加强对围填海造地工程的管理。

钱阔(1993)分析了我国海岸带资源开发利用中所存在的问题,开创性地提出了海岸带资源资产化管理的概念,并分析了我国对海岸带资源实行资产化管理已具备的条件以及如何针对我国国情具体实施海岸带资源资产化管理。宫方然(1994)针对我国国有资产流失严重以及自然资源存在的问题,认为我国海岸带资源资产化管理势在必行。陈吉余(2000)介绍了我国围填海历史的进程,比较系统地回顾和总结了近50年来围填海工程规划、设计、施工的技术经验,以及在政策制定、组织实施等方面的管理经验。管华诗、王曙光(2002)①认为加强围填海管理的根本是实施综合性的海洋管理。综合性的海洋管理不是对海域的某一部分、某一行业、某一具体内容实施管理,而是要立足全部海域的根本和长远利益,政府作为海洋权益的主体,有进一步推进海洋开发和保护的权利,国家主导必须加强。刘育等(2003)②根据生态补偿机制的发展趋势,以生态补偿这一重要的新型环境管理模式对填海造地用海管理进行了初步探讨,用以弥补填海造地对海洋生态损害的价值,以期增加填海行为主体的成本,使其节约用海,从而更好地减少填海工程对海洋生态环境的影响。孙书贤(2004)对我国围填海造地管理对策进行了研究,在介绍我国围填海造地基本情况的基础上,提出围填海造地应遵循因地制宜、高效利用、集约经营、以保护为主等原则,加强规划和计划控制、提高市场调控机制、严格履行申请审批程序、加强围填海造地的执法监察等措施加强围填海造地管理。裘江海(2005)就国内外重大的海岸工程及涉海运河工程进行了分析与总结,全面反映了国内外当前该领域工程的面貌与水平,总结了我国围涂工程的发展进程和取得的成就,并对我国围涂工程今后发展的方向和途径进行了探讨,提出了坚持以科学的环保理念与先进的生产技术作为支持围涂事业可持续发展的基本观点。柳百萍(2005)在论我国海域有偿使用制度中,指出海域有偿使用制度的诞生具有完善市场经济体制、保护资源和国有资产等

① 管华诗,王曙光.海洋管理概论[M].青岛:中国海洋大学出版社,2002.

② 刘育,龚凤梅,夏北成.关注填海造陆的生态危害[J].海洋开发与管理,2003(4):25-27.

方面的必需性，也有其理论和实践的可行性，并且随着制度的进一步实施，对思想观念、经济可持续发展、管理手段等方面必将产生积极影响。王忠(2005)对海域使用金征收标准不统一、沿海地方违规减免海域使用金现象普遍、海域使用金征收工作缺乏规范等关于实施海域有偿使用制度的几个问题进行了思考，并提出了几条实施海域有偿使用制度的措施和办法。郝艳萍(2005)在关于我国海洋资源资产化管理的思考中，强调海洋不仅具有自然属性，而且具有社会属性，它应该具有价值，对海洋资源应当实行资产化管理，并完善创新海洋资源资产价值量化理论。彭本荣、洪华生(2006)认为海岸带地区人们的生存和发展依赖于海岸带生态系统所提供的各种产品和服务，应用环境科学、环境经济学、资源经济学以及生态学等学科的知识和技术方法，理论研究与实证分析相结合，系统研究了海岸带生态系统、生态系统服务及其服务价值评估方法，并且对生态系统服务价值的评估在海岸带管理中的应用进行了分析和探讨。张继民(2009)等人从战略环境影响评价(SEA)角度出发，分析了我国区域建设用海亟须开展海洋战略环评的必要性、可行性及存在的问题，以期推动 SEA 在区域建设用海管理中的应用，从源头上防治或减轻区域建设用海对海洋环境的损害。翁国华(2009)[①]就如何合理高效地开展围填海造地工程、降低我国国土资源紧张形势提出了以下观点：要组织围填海造地工程专项专款措施、提高市场调控机制、对围填海造地申请审批程序要严格管理、加强围填海造地的执法监督力度、严厉打击非法围填海造地行为等等。

综上所述，世界上对围填海造地的研究起源于对海岸带的研究，包括海岸带及其管理的研究，围填海造地则是海岸带管理的重要组成部分。国内外对典型国家围填海造地的历史发展与实践的研究较多，且大量工作是对围填海造地的施工方法和工程设施的研究，但是对围填海造地管理的专题研究都比较少，且研究还没形

① 翁国华.浅谈如何合理高效的开展围填海造地工程[J].工程实践，2009，02.

成体系。

国外的围填海造地研究多侧重于综合管理和技术突破，在管理的过程中注重公众参与，思想解放、先行先试、气势恢宏、起点高。相比较而言，国内对海岸带的研究多侧重于海岸带综合管理体制的研究，对围填海造地管理的研究比较少；而且我国围填海管理目前更多地注重对单个围填海项目的审查，集中集约用海尚处在研究阶段。目前，“综合性海域管理”已经成为世界学者都很重视和关注的课题，学者们最担忧的是世界各国对海洋的无序开发，因此，对围填海造地的生态环境等负面效应的研究越来越多，围填海造地综合效益评价的方法及手段越来越深入，且更加具有科学性和可行性。期望以此为戒，借鉴国外经验与教训，根据我国围填海造地的实际情况，加强对围填海造地及其管理的研究，完善管理体制、法律法规以及环境保护措施。

0.3 研究方法与论文的主要内容

0.3.1 研究方法

(1)理论分析与实践分析相结合的方法。运用管理学、制度经济学、公共经济学等相关理论，在理论上阐述政府干预围填海造地的客观必要性，分析围填海造地可能产生的经济效益、社会效益与生态环境效益。结合我国围填海造地的实践，分析其中存在的经济、社会、生态环境问题以及政府管理制度存在的局限与不足。

(2)定性分析与定量分析相结合的方法。论文拟在定性分析围填海造地正反两方面效益的前提下，基于海岸带综合管理、海陆一体化发展、海洋经济可持续发展的要求，运用相关数理分析方法，定量分析局部海域围填海造地的经济效益、社会效益与生态环境效益，从而准确判断围填海造地的效果，为政府加强围填海造地管理以及相应对策出台提供理论依据。

(3)实地调研与文献(数据)收集相结合的方法。资料收集采用实地调查与统计资料、文献收集相结合的方法,发现围填海造地存在的现实问题与发达国家可借鉴的成功经验。

(4)比较研究法。通过对中国与荷兰、日本、美国围填海造地管理措施的比较,发现我国在围填海造地管理措施与管理制度方面存在的差距与不足,为完善我国围填海管理制度提供较好的经验借鉴。

0.3.2 论文的主要内容

随着沿海地区经济的快速发展以及人口增长压力的日益增大,土地资源、空间资源短缺的矛盾越来越突出,对海洋进行围垦已经成为各国沿海地区拓展土地、空间,缓解人地矛盾的重要途径之一。

除前言外,论文围绕围填海造地及其管理制度主要从以下几章展开:

第一章纵观国内外围填海的发展历史,简要介绍了围填海造地的效益与影响。正面效益主要体现在社会经济方面,而负面影响主要体现在自然和生态方面,累积性负面影响更集中表现在资源影响上。一定时期,人们忽视了围填海造地的负面影响,只注重正面的经济效益,结构自然生态和资源的破坏反过来阻碍或减缓了社会经济的发展,并直接影响到区域社会经济的持续发展问题。海域资源的稀缺性、海洋环境的脆弱性和不可逆转性决定了对待围填海造地必须持极其谨慎的态度,这也对政府加强围填海管理提出了客观要求。外部效应理论、海岸带综合管理理论、海陆一体化与区域协调发展理论是政府加强围填海造地管理的理论依据。基于上述理论,建立规范的围填海管理的制度框架,成为我国向海洋要土地、要空间的必然政策趋向。

第二章梳理了我国围填海造地的发展历程,总体评价了我国围填海造地的效果。围填海造地虽然增加了土地供给,缓解了沿海用地紧张的局面,且在一定程度上缓解了内陆地区的环境压力,但其负面影响也不容忽视:海湾面积锐减、海湾属性弱化;海岸自然景观遭到破坏;生态系统功能退化;造成资源利用冲突,加剧产业之间的矛盾;激化了社会矛盾增加了社会的不稳定因素等。

第三章评价了我国围填海造地的经济效益、社会效益与生态环境效益。综合考虑围填海造地的生态环境效益、经济效益和社效益以及指标可获得性,论文构建了三层综合效应评价指标体系,运用市场价值法、影子工程法等评估方法,对分析指标层各指标进行了说明和计算解释,采用分层次筛选法与综合指数评价法对围填海造地各种效益进行了综合评价。其中,以南部海区广东省为例,从水动力条件、海洋冲淤条件、海洋环境质量和生物资源四个角度实证分析了围填海造地的生态环境效益;以北部海区河北省为例,以经济价值损益,对农业、盐业、运输业和旅游业的影响等为内容实证分析了围填海造地的经济效益;以东部海区福建省为例,实证分析了围填海造地的社会效益,包括人口和就业、基础设施和公共服务、抵御灾害能力和景观效应的积极和消极影响。

第四章在陈述我国现行围填海造地的管理措施与制度建设情况的基础上,分析了我国围填海专门法律法规建设、具体管理制度、管理体制、监管体制等方面存在的主要问题,并剖析了上述问题的成因及其消极影响。

第五章介绍了荷兰、日本、美国围填海造地的历史和管理措施的变迁。通过围填海造地原因、管理措施、管理体制等方面的中外比较,汲取了上述国家在加强围填海管理方面的成功经验。

第六章在总结21世纪我国沿海地区围填海造地呈现新的发展趋势与特征的前提下,针对我国围填海造地存在的问题以及管理制度的缺陷,明确了围填海造地管理的宗旨,提出了围填海管理制度重新设计的基本原则,并重新设计了围填海造地管理制度的综合框架。

第七章对我国进一步加强围填海造地管理进行了具体的制度安排。基于海洋综合管理的需要,继续规范政府规章制度:建立健全围填海造地相关的法律法规体系;建立相对集中、统一的海洋综合管理体制;规范微观控制制度,加强政府管理围填海项目的制度基础。基于围填海造地项目过程管理的需要,理顺管理流程:搞好围填海造地的全面综合规划与管理;建立并完善围填海造地的战略论证制度;严格围填海项目的审批制度;建立围填海项目的跟踪检查和动态监测机制;建立围填海造地的后评估制度等等。

第八章为结语。

0.4 论文的创新之处与不足

0.4.1 论文的创新之处

论文的创新之处主要表现在研究内容方面:

(1)系统构建了政府加强围填海造地管理的制度框架。论文基于海岸带综合管理的需要,提出了继续规范政府规章制度的管理制度。基于围填海造地项目过程管理的需要,系统梳理了事先控制、事中控制、事后控制的具体制度安排,希望建立缜密、规范、科学的围填海造地管理制度框架体系,充分发挥围填海造地的积极效应,为实施国家区域发展战略规划提供保障与空间。

(2)综合考虑围填海造地的生态环境效益、经济效益和社效益以及指标可获得性,论文构建了三层综合效应评价指标体系,运用市场价值法、影子工程法等评估方法,对分析指标层各指标进行了说明和计算解释,采用分层次筛选法与综合指数评价法对围填海造地各种效益进行了综合评价。

0.4.2 论文的不足

本论文对政策法规、统计数据需求量比较大、种类繁多,对于一般的经济政策,容易收集;而有些统计数据由于统计口径、海陆经济边界等方面的原因,难以收集或准确获得,导致论文中一些需要继续深入研究的议题无法拓展,如围填海造地经济效益、社会效益、生态环境效益的计量，海域环境承载力，生态补偿机制的构建等等，这些都会影响论文的研究深度与精度。

受笔者研究水平所限，加上认知能力不足，对于围填海造地问题还只是一种探索性研究，文中难免存在不足之处。因此，笔者将在以后的工作和研究中加深对相关理论与政策的研究，并将其作为重要的研究方向。

1 围填海造地与加强管理的理论溯源

海域是海洋经济可持续发展的物质基础，各类海洋产业的发展都离不开对海域的开发利用。目前，我国海洋经济正处于快速成长期，各类用海活动频繁，对海域的需求旺盛，海域已日益成为一种比较稀缺的资源。在这种情势下，围填海造地活动创造了巨大的社会效益和经济效益，特别是《中华人民共和国海域使用管理法》实施以来，对围填海造地的管理逐步走上了法制化轨道。但是，随着社会经济的深入发展，由于缺乏统筹规划和有效管理，一些新的问题开始出现，并引发了一系列海洋生态环境和资源问题，这需要我们运用科学发展观和创新思维来指导当前的围填海造地活动，解决好环境与资源矛盾，确保我国海洋经济步入可持续发展的良性轨道。

1.1 关于围填海造地的争论

围填海造地是人类开发利用海洋的一种重要方式，也是人类向海洋拓展生存空间和生产空间的一种重要手段。

围填海造地，又称围涂，是指在海滩或浅海上筑围堤隔离外部海水，并排出和抽干围堤内的水使其成为陆地的工程，它为农业、工业、交通、外贸等的发展提供了场所。围填海造地可在孤立浅海中形成人工岛，但多数是与大陆海岸相连，或在岸线以外的滩涂上直接筑堤围涂，或先在港湾口门上筑堤堵港，然后再在港湾内部滩涂上筑堤围涂。围填海造地工程的基本设施包括围堤及其上的排水闸或排水站，以及围堤内的排水系统。

综观国内外围填海造地的发展历程，很多国家和地区都是靠填海发展起来的，如荷兰、日本、韩国、我国的香港、澳门等，围填海造地曾经是各国拓展发展空间的重要途径。但围填海造地也带来或潜伏环境问题、经济问题与社会问题。日本为缓解人多地少的矛盾，在1945～1975年期间，政府填海造地1 180平方千米。在获得巨大收益的同时，大肆填海造地发展工业经济也给日本带来了严重的后遗症。最明显的问题就是海水自净能力减弱，赤潮泛滥。在一些海岸线上，大面积森林消失，小鱼小虾等生物绝迹，渔业由此遭受了重大损失。

不合理的围填海造地的恶果在我国某些地区已初现端倪。例如，围填海造地不仅使自然景观遭到了破坏，重要经济鱼、虾、蟹、贝类生息、繁衍场所消失，许多珍稀濒危野生动植物绝迹，而且大大降低了滩涂湿地调节气候、储水分洪、抵御风暴潮及护岸保田等的能力，改变了局部的海洋动力条件，引起海岸带冲淤状况的改变，从而改变了污染物的迁移规律，对海岸带生态系统、航运和防洪产生了巨大影响。

近年来，荷兰、日本、美国等具有围填海造地传统的国家，已经先后出现了海岸侵蚀、土地盐化、物种减少等问题。有的国家开始采取透空式的海上大型浮式建筑物取代围填海，有的国家甚至已不允许围填海，并开始将围填海造地的土地恢复成原来的湿地面貌，以挽救急剧减少的动植物，探索与水共存的新路。

1965年，美国成立了旧金山海湾保持和发展委员会，致力于减少不必要的填海，并对已经损失的湿地进行人工补偿性重建，经努力每年的填海面积减少到6 hm^2，退化的湿地得到恢复，保存了3.44万公顷的农用、养殖用及自然保护用的湿地，也保护了生物多样性。

荷兰政府基于围填海造地的相继影响，正在推行一项宏伟计划：将围填海造地的土地恢复成原来的湿地。1990年农业部制定的《自然政策计划》是一项非常宏伟的计划，要花费30年时间恢复这个国家的自然，也可以称之为国家的大政方针。这项方针就是要保护受围填海造地的影响而急剧减少的动植物，并通过使过去的景观复原，为老百姓的生活增添亮丽的风景线。计划里的“生态长廊”，是要将过去的湿地与水边连锁性复原，建立起南北长达250 km的“以湿地为中心的生态系地带”。

日本在围填海造地中获得巨大收益的同时，大肆填海造地发展工业经济也给日本带来了巨大的后遗症。近年来，为了保护海洋资源多样性、维护生态环境平衡，日本许多环保组织和渔业人士纷纷采取各种形式，反对填海造地。日本有关方面已制定的在东京湾上的“三番濑”、伊势湾上的“藤前”等滩涂造地的计划，都遭到了包括当地政府在内的各界人士的强烈反对。他们要求有关方面停止填海计划，一些项目已被迫缩小规模或停止。至2005年，日本围填海总面积已经不足1975年的1/4，每年的填海造地面积只有500 hm^2 左右，填海主要用于港口码头建设，形式主要是人工岛。现在，日本每年不得不投入巨资希望能够找到一些恢复生态环境的方法。

韩国的新万金项目自动工至今，已历时十余年，其间经历卢泰愚、金泳三、金大中和卢武铉四任总统领导的政府，先后投入1万多亿韩元。随着工程总量已完成过半，伴随而来的是越来越多的对环境破坏的质疑与抗议，世界三大环保团体之一的“地球之友”国际总部主席纳巴鲁也曾赶到首尔要求新万金项目停工。最近，韩国汉城行政法院接受环保团体的诉状，裁定新万金围填海造地工程停工。由此，已经投巨资修好的长堤等未竟工程面临着或发展生产或保护环境的重新抉择。新万金项目的终止表明，在人与自然、经济发展与环境保护、眼前利益和长远利益发生矛盾时，在发展经济的同时保护自然将是永恒的主题。

澳门湿地保留与否，曾经引起了澳门社会的讨论。2002年澳门特别行政区政府在重新修订路填海区的发展规划后宣布，将现有湿地范围划出15 hm^2，在西堤公路西侧的滩涂划出约40 hm^2，两者合起建立一个有55 hm^2 的自然保护区，这将是澳门第一个自然生态保护区。同时，南澳岛全面清理围填海造地工程，加强海域使用管理，对半截子工程或尚未建设的 7 个项目，根据实际情况或改变用途或由国土部门按清理闲置土地处理。

为了中环湾仔绕道工程须挖掘行车隧道，香港政府 2007 年 7 月底声称由于要兴建中环湾仔绕道及兴建隧道，拟于湾仔运动场至铜锣湾避风塘对开处进行共 10.7 hm^2 的临时填海计划，预计最快六年半后拆除，但“保护海港协会”认为海港是公众及大自然的资产，有其独特的法律地位，政府的临时填海工程会对海面造成影响，没有永久或临时之分，同时亦难以保证有关土地是否会变成永久土地，政府没有就其中一幅 2.4 hm^2 的防波堤进行足够咨询，六年半后拆除亦纯属空谈，没有确实时间表，违反了《保护海港条例》，要求法庭颁令工程违法。2008 年香港保护海港协会反对中环湾仔绕道临时填海工程的司法复核胜诉。这一胜诉表明，政府进行围填海工程必须在保护海港和应付社会、经济、环境需要间取得平衡。

在国际间对待围填海如此重视的同时，我国除了关注自己的填海行为外，还关注邻国的围填海行为对我国海域所造成的影响。2004 年发生在我国的“填海第一案”更是引起了海事界的高度关注。据山东省荣成海达造船有限公司（以下简称海达造船）诉称，2000 年 11 月 18 日，该公司向荣成市海洋与水产局报送了《关于建造 2 条承重 3000 吨级坞台使用海域的请示》，2001 年 3 月 14 日，荣成市计划委员会下达了《关于海达造船有限公司新建船坞项目的批复》。据此，海达造船从 2001 年 3 月便开始了填海工程，同年底，基础性填海工程完成。2003 年 11 月 28 日，国家海洋局对海达造船下发了一纸《行政处罚决定书》，称该公司非法占用海域 3.8 hm^2，其行为违反了《中华人民共和国海域使用管理法》的规定，责令海达造船退还非法占用的海域，恢复海域原状，并处人民币 513 180元罚款。

随后，海达公司将国家海洋局告上法庭，请求法院判令其撤销处罚决定。庭审中，国家海洋局代理人称，该局过去从未就“填海”

作出处罚,此案是其“填海第一案”。整体来看,我国海域使用秩序基本良好,海洋环境得到了有效的保护,但一些重点海域和经济发达地区的违法用海问题依然不容乐观:福建省惠安县崇武水族馆项目违法填海案、天津市天津港务局北大防波堤非法吹填案、山东省荣成市海达造船公司非法填海案、河北省唐山三友化工股份有限公司擅自改变海域用途案、辽宁省大连市什字街村违法围填海案、江苏省大丰市大丰港开发建设有限公司违法用海案……

多年来,我国的“海盾”专项执法行动查办了多项重大海洋违法案件,对未取得海域使用权擅自进行围填海的大型工程建设项目依法进行严厉打击,且查处力度逐年提高,对重大海洋违法行为保持了高压态势。“海盾 2006”行动中,中国海监各海区总队、各沿海省(自治区、直辖市)总队通过航空执法、海上巡查和沿岸陆地排查,有效地提高了大面积违法围填海行为的发现率。查处的案件涉及滨海开发区、旅游娱乐基地、路桥设施、港口码头和泊位、电厂排污口、人工岛等大型海洋工程建设项目。该次行动共立案查处 74 起重大违法案件,比 2005 年增加近 30%,决定罚款额 7 064 万元,比 2005 年增加约 200%。2008 年中国海监总队继续组织开展了以查处经济热点区域非法围填海行为为重点的“海盾 2008”专项执法行动,共立案查处 113 件,收缴罚款超过 3 亿元。“海盾”专项执法行动有力地促进了我国依法用海管理制度的实施,各类海洋开发利用活动的合法用海比例正在快速提升。

综上所述,我国应借鉴国外的经验和教训,本着科学、合理、有序开发利用海岸和自然资源的原则,统筹考虑围填海造地工程,不能放任自流、盲目围垦,忽略对海洋及陆地环境的保护,以牺牲后代人的利益换取经济繁荣,但同时对围填海造地工程不能一概反对,必须坚持可持续发展。

1.2 围填海造地效益的理论分析

纵观围填海历史发展的各个阶段,可以发现围填海造地活动是历史发展的必然要求。围填海实践活动表明,围填海造地的效益主要分为正面效益与负面效益。正面效益主要体现在社会经济方面,而负面效益主要体现在自然和生态方面,累积性负面效益更集中表现在资源影响上,并且自然生态和资源的破坏反过来会阻碍或减缓社会经济的发展,直接影响到区域社会经济的可持续发展问题。因此,对于围填海造地必须持极其谨慎的态度。

1.经济效益

围填海工程所产生的经济效益主要表现在培育了新的经济增长点、促进了区域经济的健康发展、增加了社会供给。

(1)围填海造地有助于海洋经济与陆域经济的联动发展。

围填海造地活动通过实施大规模的滨海滩涂开发和填海造地工程,加大滩涂开发整理的投入,实施配套建设,变“生地”为“熟地”,可以形成撬动整个土地资产运营的“支点”,快速促进土地升值。围填海造地所得到的新增土地,是“未定性的新增土地”,并未占用耕地,因此在政策和法律上少了很多限制。由于土地性质的“未定性”,即使作为工业用途,也无须承担耕地的开垦费用。开发滩涂的投资者可以以相当低的代价拿到围垦的土地,并且低成本获得的新增土地可以低价转让给外来投资者,在招商引资中掌握更多的竞争优势。实践中,围填海造地为多个国民经济部门提供了宝贵的土地资源,不仅形成了大规模的粮棉生产基地、海淡水养殖基地,而且为临海工业、港口开发、城镇建设和旅游开发等方面的发展提供了重要条件。

(2)围填海造地扩大了港口规模,提高了港口的吞吐能力。

港口是发展外向型经济的“窗口”,出口贸易的货物运输绝大部分依靠海运。海洋交通运输业的发展不仅能够促进沿海地区对外联系能力的增强和对外开放水平的提高，而且能够增强外向型经济带动力度。在自然深水岸线日渐紧缺、海运需求不断扩大的背景下，围填海造地渐渐成为扩大港口规模的重要途径。

(3)围填海造地促进了临港(海)工业的发展。

随着工业化推进、城市化加速和消费结构升级，充分利用海洋资源、临海区位、港口优势是发展临海石化、钢铁、电力等工业的关键因素和重要条件，滨海工业也成为人们关注的焦点和热点，因此沿海各地都积极引进工业项目，但普遍面临后方陆域面积小、不够平坦广阔的问题，在实际建设中往往就向大海要地来满足工业项目所需陆地条件。

2. 环境效益

海岸带地区是地球表层岩石圈、水圈、大气圈与生物圈相互交叉，各种因素作用频繁，物质与能量交换活跃，变化极为敏感的地带。如今的天然海岸线是在各种动力因素作用下经过长期演变形成的，处于一个相对动态平衡的状态，而围填海造地是在短时间、小尺度范围内，通过改变滩涂湿地生境中的多种环境因子，如滩涂面积、高程、水动力、沉积物特性、底栖生物群落及多样性特征等的综合作用，改变自然海岸格局，对系统产生强烈的扰动，造成新的不平衡，有时甚至会引发环境灾害，造成巨大的损失。因此，在围填海造地进程中，应充分发挥围填海造地对生态环境的正面效益，抑制其对海洋生态环境和海洋可持续发展的消极影响。

围填海造地对生态环境的正面效益主要体现在两个方面：

(1)在自身环境承载能力范围内，具有环境净化功能。

作为海陆交错地带，潮滩对各种有机和无机污染物具有较强的净化能力，是处置陆源污染物的良好场所之一。在目前垃圾处理无害化的规模和技术尚未完善的前提下，潮滩填埋垃圾成为近年来中国东部沿海城市解决垃圾问题、处置工业废水和生活污水的主要途径，归宿于滩地沉积物的污染物并没有对滩地环境质量产生明显的影响。

(2)避免或缓解了海洋灾害的袭击。

沿海许多地区都是海洋自然灾害的频发区，海岸经常会受到台风、海啸、海流的袭击、侵蚀和冲刷。而通过围垦工程和岸线整治，可以有效防御风暴潮袭击，避免或缓解海蚀作用的影响，改善岸线景观，对海岸带及海岸工程、浅海域生态和沿海人民的生命财产安全起到保护作用。

然而在实践中，围填海活动产生影响最大的是对自然生态和资源的破坏，其对生态环境的负面影响主要有：

(1)围填海工程降低了附近海域的生态环境质量。

沿海湿地、珊瑚礁、上升流与红树林并称为四大最富生物多样性的海洋生态系统，它们具有防止水土流失、净化海水和预防病毒的作用。近年来，沿海地区的围垦、填海、筑坝、取沙、造塘、建港和石油开采等工程，造成了河道港湾淤塞、滩涂湿地面积锐减，致使沿海滩涂生态环境恶化。另外，工程完工后没有采取相应的修复海洋生态环境的措施及办法，再加上海洋捕捞过度、大量陆源污染物未达标排放等因素，致使渔业资源萎缩，海洋生态环境持续恶化。

大规模围填海造地发展海水养殖、建设港口、工业化和城镇都不同程度地增加了生产和生活污水入海量，也是导致沿岸水质尤其是垦区直排口附近水质恶化的重要原因。同时，围垦的土地绝大部分依然在种植户和养殖户手中，他们大量使用的化肥、农药及排放的污染物，也严重污染了海洋环境。

(2)围填海工程导致潮滩湿地生境退化，降低了海域的环境容量。

由于生物只能适应某些自然条件，故在决定生态系统内种群结构时，自然条件往往发挥着重要的作用。围填海工程极大地改变了海洋生物赖以生存的自然条件，从而致使围填海工程附近海区生物种类多样性普遍降低，优势种和群落结构也发生改变，这一点不管在表层的浮游植物、浮游动物还是在底栖生物调查中都得出了同样的结果。

3.社会效益

(1)增加了土地资源,缓解了人地矛盾。

围填海造地提供了大量优质土地,如增加了农业种植用地、海淡水产养殖用地,提供了交通用地、工业用地、市政设施用地,拓展了经济社会发展空间。

(2)减轻了人口压力,增加了就业机会,提高了居民人均可支配收入。

沿海地区往往人口密集,围填海造地后有利于人口疏散。同时,围填海造地有力地促进了各经济部门的发展,这同时也就意味着社会可以新增许多的就业机会。

(3)开发了新的生态旅游观光景点与基地。

滨海城市在规划围填海造出来的土地资源时都会考虑到沿海旅游业的发展。滨海旅游是海洋经济的重要组成部分,中心城区滨临大海的城市都十分注重滨海旅游的发展,也积极地留出海洋海岸空间建设城市景观,直接展示城市形象,为市民提供休闲生活的好地方,为外地游客增加旅游的好场所。这样一方面可以增加城市的知名度,吸引更多的发展机会,另一方面也可以增加政府的财政收入。

1.3 政府加强围填海造地管理的理论依据

科学和适度地围填海造地,对合理利用海洋资源和推动社会经济发展起到了重要作用。但由于围填海造地作为一种严重改变和干扰海域自然属性的人类开发利用海洋资源的行为,如果缺乏合理规划或者过度实施围填海活动,其所带来的负面影响也不容忽视。所以在目前国家实行最严格的土地保护政策和进行宏观经济调控的政策背景下,加强围填海管理,并建立规范的制度框架,成为我国向海洋要土地、要空间必然的政策趋向。

笔者认为围填海管理的概念有狭义和广义之分,狭义上的围填海管理是指国家海洋行政机构对海洋或某一局部区域的整体围填用于建设或农业开发的海域实施的具体管理活动。广义的围填海管理是指国家基于对其所属海洋国土的空间、资源、环境和权益等进行的全面统筹考虑、协调发展的客观需要，通过沿海各级政府，运用先进的科学技术，对海洋或某一局部区域整体围填用于建设或农业开发的海域实施的综合管理活动。这一概念包含以下三方面的内容：

(1)围填海管理是海洋管理范畴内的一种类型。它是对海洋或某一局部区域的整体围填用于建设或农业开发的海域实施的具体管理活动，基于全部海域的根本和长远的利益，对海洋整体开发与利用实施的统筹协调性质的高层次的管理形式，它是海洋综合管理的具体化。

(2)围填海管理是一个全局性、长远性、战略性的问题。基于自然—经济—社会可持续发展的需要，应正确处理长远利益与当前利益、整体利益与局部利益的关系，正确处理保护海域与发展经济的关系。因此围填海管理侧重于一个国家海洋开发的全局、整体、宏观和公用条件的建立与实践，围填海管理所采用的手段应该包括战略、政策、规划、计划、区划、立法与执法、行政协调、监管等宏观控制手段。

(3)围填海管理的目标，集中服务于国家在海洋整体上的系统功效和长远发展、海洋持续开发利用条件的创造。这一目标隶属于国家海洋综合管理目标，是其中的一个组成部分。

1.3.1 公共物品理论

公共经济学将商品和劳务分为私人物品和公共物品，相对于私人物品而言，公共物品具有效应的不可分割性、消费的非竞争性和受益的非排他性。公共物品的这些特征决定它的需要或消费是公共的或集合的，如果由市场提供，每个消费者都不会自愿掏钱去购买，而是等着他人去购买自己顺便享用它所带来的利益，这就是经济学所指的“免费搭乘”(free-rider problem)现象。所谓的免费搭乘行为是指不承担任何成本而消费或使用公共物品的行为，有这种行为的人或具有让别人付钱而自己享受公共物品收益动机的人成为免费搭乘者。如果每个人都想成为免费搭乘者，那么公共物品也就无力被有效提供。

正因为公共物品具有这些特征，所以每个人都相信不管有没有贡献都会从公共物品中得到益处，而不愿意主动付款。也正因为如此，微观主体也就没有动力生产和销售这类物品或服务。因此，市场不会供应这类物品或服务，如果供应，也是微不足道的。这一事实为政府介入提供了一个基本依据。从一定意义上说，由于"免费搭乘"问题的存在，便需要政府来提供公共物品。

在欧美法律传统中，海洋(包括海水、海床以及生物和矿物资源)长期以来一直被视为人类的共同财产，任何人都可以在不冒犯他人的前提下自由利用这一财产。但是历史上海洋准入和利用的开放性与沿海各国的"领土化"欲望(特别是沿海水域的"领土化"欲望)不断发生冲突，特别是从20世纪50年代到80年代，全球海洋秩序发生了重大转变:从历史上的自由准入机制占主导地位，转变为沿海各国将位于临近其海岸的大片海洋空间及其蕴藏于其中的经济资源纳入自己的主权版图成为时尚。先是采取单边行动，然后是从国际法中寻找法理依据，沿海各国纷纷将其政治经济管辖权扩大至离岸200海里。到20世纪80年代早期，200海里专属经济区基本上已成为国际法中的一个惯例，大约30%的海洋和95%的渔获物先后被沿海各国尽收囊中，这些一度作为全球公共品而存在的海洋空间与资源，也就摇身一变成为沿海各国的主权领土。大多数国家的法律都规定主权范围内的海域为国家公共财产(国家共有资源)，海域也因此成为法理上的共有品，具有共有财产资源的性质。

我国《我国海域使用管理法》颁布以前，海域资源产权长期不明晰，法理上属于共有的海域资源事实上一直处于自由准入状态，从而导致海域使用的"无序、无度、无偿"局面。因此，我国海域资源利用问题的根源在于缺少有效管理海域资源准入和利用的制度安排，使理论上属于公共物品的海域资源变成事实上的自有品。

因此,要使海域资源摆脱公地的悲剧,必须加强管理与制度创新。

1.3.2 外部效应理论

外部效应是20世纪由马歇尔提出的,又称溢出效应,是指一个人或一个厂商的活动对其他人或其他厂商的外部影响。根据其他单位受益还是受损,外部效应分为正的外部效应(外部经济)和负的外部效应(外部不经济)。[①] 外在性的影响不属于买卖关系,它是不支付费用的受益或损害;外在性产生于决策之外具有伴随性,是伴随生产或消费而产生的副作用。外在性具有强制性,受影响者无法回避。[②] 在没有任何干预的情况下,环境污染者和资源过度利用者在自利行为的驱使下,会不断地污染环境,或无节制地利用资源,从而导致外在不经济性。但要实现经济社会的可持续发展就要实现从自然界的获取和对自然界的补偿同步增长,这就要制定机制规避这种外部不经济现象。

当围填海对于外部生态环境和人们福利产生有利影响时,会给围填海及周边区域带来经济和社会效益,也就是存在着外部经济;围填海的开发利用也存在外部不经济,主要体现在围填海开发者只注重项目本身开发的经济效益,而忽视对于围填海产生的一些外部影响,如对环境污染、生态破坏、资源开发的浪费、影响海洋渔业的发展、对海洋资源和海洋环境带来极大的危害。某一区域围填海的开发利用,不仅影响本区域内的自然生态环境和经济效益,而且必然影响到邻近海域甚至更大范围内的生态环境和经济效益。另外围填海后长期会对周围产业以及周围居民生活带来负面影响,这些在开发时都没有算入开发者的开发成本中,从而造成围填海的外部不经济。

考察围填海造地管理中的外部性问题,可以关注围填海中的

---

① 于谨凯.我国海洋产业的持续发展研究[M].北京:经济科学出版社,2008.

② 杨金森,秦德润,王松霈.海岸带和海洋生态经济管理[M].海洋出版社,2000,56-78.

“边际效益”指标，即多考虑一下单位围填海面积的投入与产出的正负比较，充分认识到进行围填海工程的机会成本中应该包括损失掉的自然资源以及可能造成的不可弥补的生态问题，这些都是围填海项目中的“隐性成本”以及可能引起的“负外部性”问题。考虑到利润＝收入－成本，成本中容易被忽视掉的就是围填海中的“隐性成本”，在利润＞0 的情况下才可以考虑围填海工程的可行性。需要注意的是，围填海项目中不但要考虑到经济利益，还要顾全社会利益，对于围填海可能造成的自然资源破坏等生态资源的不可恢复性影响，都会对当地生产、生活产生“负外部性”影响。这就要求制定切实可行的政策方针，合理对待项目实施过程中可能产生的各种情况。

有时外部经济和外部不经济是同时并存的，这就要权衡利弊，通过综合效应分析来看最终结论。在选择围填海可持续开发路径时要通过各种措施，对外在性进行干预，使外在性内在化，即生态环境成为资本的一部分，生态环境损失进入开发商成本。而将外在性内在化要遵循几项原则：交易费用低的原则、次优原则（外在性不可能完全消除，无法达到最优状态）①。因此，可以在这些原则的基础上，政府应采用税收手段、财政补贴、法规和产权规制、教育和宏观规划等办法，使围填海造地的外在性内在化，达到保护海洋生态环境的目的，找到围填海可持续开发的正确路径。

1.3.3 海岸带综合管理理论

海岸带是海洋和陆地相互交接和相互作用的地带，学术界目前对海岸带尚无统一和通用的定义和界定，一般可以分为狭义海岸带和广义海岸带两种定义。② 进入工业文明以后，科学技术发展迅猛，人口数量急剧增长，人类对自然资源环境展开了空前规模的

---

① 杨金森，秦德润，王松霈. 海岸带和海洋生态经济管理[M]. 海洋出版社，2000，56-78.

② 林桂兰，左玉辉. 海岸带资源环境调控[M]. 科学出版社.

开发利用,尤其对属于海洋空间资源的海岸带进行了前所未有的利用,但对海岸带的利用也带来了一些负面影响。这就需要实施海岸带综合管理,对围填海开发的可持续发展进行指引。海岸带综合管理的一个主要目的就是为了国家最佳长期利益,寻找按多样化利用和管理资源利用的途径。通过对每一项开发项目的可持续性检验,尽可能避免沿海地区资源的破坏,以利于沿海自然资源的可持续利用,尽可能地保持生产的可持续发展。①

随着经济的发展,海岸带以其丰富而又独特的资源优势而成为开发的热点,海岸带区域各种经济利益和冲突日逐增加,但是由于缺乏以海岸带总体规划为基础的海洋综合管理,许多开发利用活动对海洋资源与生态环境造成了损害和破坏。例如,不合理的围填海造地、盲目毁林建造鱼塘虾池、港口和工业开发区工业废水和城市污水大量排放入海等,严重地破坏了生物资源和生态环境。生态问题、环境问题也随之出现。由于海岸带生态系统的多样性和复杂性,原来的单方面管理已经不能适应发展的需要,必然要求一种全面的、综合的、系统的方法来进行管理,即海岸带综合管理(Integrated Coastal Zone Management,ICZM)。通过加强海洋综合管理工作,实施可持续发展战略,促使沿海各省在经济快速发展、城市规模不断扩大、人口不断增加的情况下,保持海洋生态环境的总体水平,保护与合理开发利用海洋资源。

现阶段,海岸带综合管理的主要目标是促进可持续发展,从而保证满足当代和后代人类的持久需要。它应与管理计划所涉及的具体的区域目标相联系,这样才具有指导性和可操作性。海岸带管理的具体目标以三方面为中心:一是加强多部门的规划和管理;二是促进沿海资源的合理利用并最大程度地降低资源使用上的冲突;三是保持生物多样性、沿海生物物种和生境的生产力及沿海环境的正常功能。从这个意义上说,海岸带管理为通向可持续发展目标的行动提供了指导思想。

---

① 恽才兴.蒋兴伟.海岸带可持续发展与综合管理[M].北京:海洋出版社.

海岸带综合管理的内容是由海岸带的模式所驱动。海岸带发展模式由过去的“人类中心论”或“环境中心论”向“生态中心论”转型的过程中,海岸带管理的内容也在发生着相应的转变,即海岸带区域模式向生态发展模式转化。如果对处于多元化阶段的海岸带区域不加管理,传统的和现代的管理方式可能同时存在,这不利于海岸带传统管理模式向现代管理模式转变,不利于海岸带系统综合治理内容的科学化、系统化,有碍于海岸带可持续发展管理模式目标的实现。因此,海岸带系统综合管理的内容应体现可持续性和协调性,可持续性就是指资源的可持续利用和良好的生态环境基础;协调性就是指经济发展的模式选择要与人口、资源、环境相协同。

围填海造地工程属于海岸带管理的内容与范围,它不可避免对海洋资源与环境产生消极影响,因此海岸带及其资源的综合管理的方法与模式同样适用于围填海造地管理,并且能为围填海造地制度的系统化、科学化、规范化提供决策范式与战略依据。

1.3.4 海陆一体化发展理论

海陆一体化是20世纪90年代初编制全国海洋开发保护规划时提出的一个原则,这个原则同时也适用于海洋经济发展和沿海地区开发建设。海陆一体化是沿海国家和地区统筹海陆关系的一种战略思维,同时也是依靠海洋优势实现区域经济发展的有效途径。广义的海陆一体化指如何发挥海洋优势,加强海陆联系和统一规划,促进沿海地区经济、社会的全面发展,它不但涉及海陆经济的协调发展,还包括海洋意识的培育、海陆文化的融合、海陆交通的衔接、海陆管理的统一与协调等。狭义的海陆一体化主要是海陆经济的一体化发展,即根据海、陆两个地理单元的内在联系,运用系统论和协同论的思想,通过统一规划、联动开发、产业链的组接和综合管理,把本来相对孤立的海陆系统整合为一个新的统一整体,实现海陆资源的更有效配置。海陆经济一体化过程的原动力是海陆之间相互提供产品和服务,即立足自身优势实现区域间的功能互补，如海洋为陆地提供食品、资源、能源、交通、娱乐等；陆地为海洋开发提供技术、人力、财力和后方基地。

海陆一体化中最重要的是海陆资源的互补性和海陆经济板块的互动，因此，现有针对海陆一体化的研究主要集中于海陆产业关联方面，把海陆一体化与它的狭义形式——海陆经济一体化等同起来理解。

从区域经济发展角度来看，海陆一体化包含两个层面：一是沿海地区在发展海洋经济的过程中，如何更好地发挥海洋资源优势，通过合理选择主导产业和优化海陆产业布局，实现海陆产业联动发展、沿海经济的增长；二是沿海地区与内陆地区如何通过点、轴、面等空间要素的有效组合，将沿海地区的产业优势特别是海洋经济优势向内陆地区扩散和转移，实现优势互补和区域共同发展。这两个方面不是孤立的，而是相互联系、逐层推进的。沿海地区的发展和海洋经济的壮大是海陆一体化的初级阶段，依靠资源、技术、区位等优势，发展海洋经济和海岸带区域经济，使沿海地区综合经济优势得到发挥，还可以促进技术密集型产业和高新技术海洋产业的发展，实现海洋产业在沿海地区的集聚和产业结构的升级，成为区域经济的增长极。在海陆一体化的高级阶段，通过市场机制的作用，要素和产品在沿海与内陆之间流动，逐步实现经济技术的梯度转移，带动整个区域经济的增长。

从涉及的具体环节来看，海陆一体化包含的内容很多，如海陆资源开发一体化、海陆产业发展一体化、海陆环境治理一体化和海陆开发管理体制一体化等。从资源开发角度，海陆一体化是对海陆资源的系统集成，把海洋资源优势由海域向陆域转移和扩展；从产业发展角度，海陆一体化是陆域产业向海域转移和延伸，具体体现为临海产业的发展；从环境保护角度，海陆一体化是实现陆海污染联动治理，严格控制和治理陆源污染，加强海洋环境保护和生态建设；从更广阔的社会经济视角看，其内涵可以拓展到海陆区域的一体化整合，不仅包括海陆资源、空间和经济之间的整合，也包括海陆文化、社会和管理之间的协调与整合。① 海陆产业发展一体化是海陆一体化的核心，海陆资源开发一体化和海陆环境的一体化调控是海陆经济一体化顺利实施的前提，海陆区域的统一规划、一体化整合和海岸带综合管理是实现海陆一体化的重要保障。

因此，海陆一体化协调发展理论为所有海洋开发活动提供了理论依据和指导原则。具体到围填海造地项目上，海陆一体化协调发展理论为围填海的可行性及必要性提供了理论支撑，并为其开发提供了评价标准，是加强围填海造地管理的理论依据的重要组成部分。

---

① 韩立民，刘康等．象山海陆一体化发展纲要．浙江象山县政府委托研究课题，2006(9)．

2 我国围填海造地的历史变迁与总体评价

2.1 我国围填海造地的发展历程

2.1.1 21世纪以前我国围填海造地的发展历程

我国是一个围填海大国，有着悠久的围填海造地历史，早在汉代就已开始。自东汉以后，开始兴建海塘工程。海塘又名海堤、基围、海堰，是海岸或河口地区沿岸线修建的直接护岸工程，可以保护天然岸线免受潮流、波浪冲刷而发生的侵蚀，从而保护沿岸地区免遭江海潮流的袭击。到唐代，江、浙、闽三省都有系统的海塘工程出现。宋代以后，则开始围垦前海滨的滩地。明、清之后，开始重视对海塘的维修和管理。

在隋唐以后，人们开始在河流上游大面积开垦种植，水土流失严重，使江河输移泥沙增加。河流携带的泥沙，除在河口形成三角洲外，还向沿岸输送，使得岸线总体推进加快。如此自然形成的陆地地势低洼，土质咸涩，因而开发耕种较少。随着人口的增加，人们为了生存发展，开始结合海岸自然演变，筑堤修塘，围填海造地，为我国增加了巨大的土地面积，修建了数以百万米的海堤。

中华人民共和国成立前，沿海经济发达地区由于人口众多，人均占有耕地面积少，对土地的需求非常迫切，人民群众开始了自发性围填海造地行动。据统计，1949年以前我国围填海造地面积已达1.3×10^5 km^2。

中华人民共和国成立后，我国人多地少的矛盾更为突出，如广东、福建、浙江等省，现有人均占有耕地面积仅为 4×10^{-4} km^2 左右，而大规模的经济建设又占用了不少土地，令土地紧张的局面更为严峻。因此，我国开始了有组织的围填海造地活动，20 世纪我国围填海造地分为以下三个阶段：

(1)20 世纪 50 年代，围填海晒盐。除群众自发性的小规模围垦外，政府组织围垦了一部分土地，其中较大面积用于盐业生产，一般规模不大。

(2)20 世纪 60～70 年代末期，围垦海涂增加农业用地。60 年代初期，在“人民公社”、“大跃进”和“农业学大寨”的形势下，社队集体或地方政府开始组织大规模的围涂造地运动。部分省、市还成立了专门的管理机构，提出了“向海要地，与海争粮”的口号，使围填海由群众性的自发行动走上了有计划有领导的阶段。60 年代中期到 70 年代末期，围填海造地管理开始实现程序化和规范化。由于扩大了围填海范围，即从高滩围填海发展到中、低滩围填海，从河口海岸筑堤围填海扩大到堵港围填海，各级政府开始加强对围填海工作的管理，协调围填海与治水及其他行业之间的关系，建立了工程建设的审批手续和制度。此阶段的围填海工程不少是几十甚至上百平方千米的大工程，除少数因故失事或规划不周而停建外，大都获得了成功。

(3)20 世纪 80～90 年代中期，滩涂围垦养殖。此阶段的围填海造地管理工作开始步入科学化和法制化进程。各级政府加强了围填海工程的总体规划，重点协调处理好围填海与江河整治、河道行洪、排涝、引水和航运、环境、生态各个方面的关系。上海、江苏、浙江、福建等省市均制定了海岸带和海涂管理条例，明确规定滩涂属国家所有；开发滩涂应有总体规划，妥善处理局部利益和整体利益的关系、近期利益和长远利益的关系；坚持围填海工程严格按照基本建设程序办事。

经过三轮围垦，我国的海岸线已经面目全非，仅剩很少的一点自然岸线。由于初期对围填海工程缺乏全面规划，审批制度不够完善,审批手续不全、不严,以及设计和施工技术跟不上等原因,造成围填海工程问题频现,如围填海与相关行业之间的矛盾、工程质量不良存在安全隐患、生态环境问题严重等。

在上述我国围填海造地的发展历程中,对围填海的规划、设计和施工都在不断完善和提高。(1)规划上,趋向于综合协调。从建国前群众自发性的小面积围填海,到建国初期集体组织较大面积的围垦,逐步实现了围填海造地的扩大。至70年代,各地政府开始重视规划,注重综合效益的发展。至20世纪末期,各级政府不仅讲求全面规划、统筹兼顾,而且注重长远利益与短期利益的协调,编制了详细的规划,严格按程序办理审查报批手续。(2)技术上,逐渐实现科学合理化。随着科学技术的发展,各地在围填海造地的同时,加强了水文、地质、泥沙、地形、河床演变等基础资料的收集和分析。1957年,华东师范大学和中科院地理所联合建立了河口研究室,同年浙江省又建立了钱塘江河口研究站。1979年,国务院批准开展全国性海岸带调查工作,开始在海洋调查中使用各种新技术和先进的仪器设备,如卫星遥感技术、GPS系统、回声测深仪、浅层剖面仪、旁侧声呐等。卫星系统及高科技的应用,使人们可以全面而系统地掌握海岸带的自然环境特征,为我国的围填海造地工程提供了详细而科学的指导。(3)设计上,逐步完成前期实验和后期评价系统。前期的围填海造地工程常常因为缺乏必要的论证或因缺乏水文、地质等基础资料等原因,建造海堤标准过低,造成了重大事故损失。1965年,华东水利学院和南京水利科学研究所组建了福建莆田波浪观测站,建立了风浪要素经验公式,被围填海工程广泛采用。20世纪90年代,各涉海研究所等相继成立,加强了对海洋要素的相关分析,如建立泥沙运动数学模型、进行冲淤实验、波浪水槽实验等,使围填海造地工程更趋安全、经济合理。(4)施工上,不断实现技术发展和突破。由于围填海造地规模不断扩大,原有施工技术和施工方式已完全不能适应需要,高科技不断应用于围填海工程中,无论是施工技术、手段,还是施工工具都逐渐实现了现代化,并取得了很多专利成果,降低了施工成本。

2.1.2　21世纪我国围填海造地的基本情况

进入21世纪，随着我国经济快速持续增长，特别是在第二次工业化浪潮和土地紧缩情势下，我国正掀起第四次大规模的围填海热潮，许多地方通过围填海造地来建设工业开发区、滨海旅游区、新城镇和大型基础设施，以缓解城镇用地紧张和招商引资发展用地不足的矛盾，实现耕地占补平衡。这一阶段围填海造地波及的区域比较广，从辽宁到广西我国东、南部沿海省市甚至包括县、乡一级行政区均在积极推行围填海工程；所实施的围填海工程有大有小，大的如天津港的围填海造陆工程计划分期造陆5 000 hm^2，大连长兴岛的围填海造陆已成陆3 000 hm^2等，小的如福建连安下官乡的违法围填海造陆6.27 hm^2；新一轮的围填海热潮一部分是国家或省、市经济发展所必需的，如天津港的围填海工程正是满足天津市以及环渤海区域发展所必需的，河北曹妃甸的围填海工程也是满足首都钢铁集团搬迁所必需的，但多数小型围填海工程却是一些部门利益或者县、乡政府形象工程所致，如广东阳东某镇围填海建设渔港广场、福建惠安县崇武水族馆违法填海项目等。

至2007年底为止，全国沿海省、直辖市、自治区围填海造地面积为2 374.98 km^2，其中，2002年之前造地面积1 755.47 km^2，2002年之后造地面积619.51 km^2。北方三省一市围填海造地面积占全国的13.7%，其中，2002年之前造地占全国的8%，2002年后造地占全国的30%以上。

至2007年，全国各沿海省、直辖市围填海造地面积共计222 504 hm^2。其中，东海区围填海造地现象尤为严重，围填海面积占全国围填海面积的84%；其次是黄渤海区，占到12.6%；南海区最少，占3%。2002年以前，我国沿海各省、直辖市围填海造地总面积以江苏、福建两省为最多；2002年之后，围填海造地总面积以天津市、辽宁省增长最快(见表2-1)。

表 2-1　沿海各省市、直辖市填海面积统计表

地区	2002 年之前	2002 年之后	填海面积(hm²)
辽宁	178.33	4 729.85	4 908.18
河北	2 117.19	1 231.657	3 348.85
天津	75.08	8 029.19	8 104.27
山东	8 511.41	3 294.73	11 806.14
江苏	90 241	8 042.96	98 283.96
上海	—	14 832.19	14 832.19
浙江	—	2 043.41	2 043.41
福建	62 611.43	9 757.82	72 369.25
海南	319.08	722.37	1 041.45
广西	470.01	1 911.54	2 381.55
广东	1 030.55	2 354.22	3 384.77
合计	165 554.08	56 949.94	222 504.02

(资料来源:国家海洋局)

在围填海造地开发利用方向上,2002 年以前围垦用海占主导地位,达91.40%;2002 年以后围垦用海所占比例有所下降,占围填海造地总面积的42.46%,港口用海比例上升,占围填海造地总面积的 22.61%(见表 2-2)。

表 2-2　全国用海类型统计表

用海类型	2002 年之前(hm²)	所占百分比(%)	2002 年之后(hm²)	所占百分比(%)
港口用海	6 430.78	3.88	12 878.55	22.61
临海工业用海	3 371.08	2.04	9 381.54	16.47
渔业基础设施用海	2 735.55	1.65	629.71	1.11
旅游基础设施用海	54.76	0.03	5 428.42	9.53

（续表）

用海类型	2002年之前（hm^2）	所占百分比（%）	2002年之后（hm^2）	所占百分比（%）
城镇建设用海	29.81	0.02	847.41	1.49
海岸防护工程用海	823.5	0.5	675.99	1.19
围垦用海	151 308.63	91.4	24 180.43	42.46
路桥用海	40.72	0.02	906.59	1.59
污水排放用海	330.95	0.2	151.09	0.27
工程项目建设用海	426.3	0.26	1 171.73	2.06
电缆管道用海	—	—	42.75	0.08
科研教学用海	—	—	281.28	0.49
军事设施用海	—	—	34.87	0.06
其他用海	2	0.001	339.58	0.6

（资料来源：国家海洋局）

综上所述，我国沿海地区围填海造地发展趋势具有以下三个显著特点：①围填海造地的规模和面积大幅度增加，增长速度明显加快；②围填海造地的行业及领域趋于多元化，开发利用的方式趋于区块化；③围填海造地的大项目、大工程不断增加，项目和工程的投资巨大。

2.2 我国围填海造地典型案例评述

2.2.1 北海区围填海造地的典型案例评述——以秦皇岛港的围填海造地为例

秦皇岛港既是世界最大的能源输出港，也是中国东北、华北两大经济区的重要对外商贸港，设计通过能力在2亿吨以上，其经济效益除了港口直接的运输效益外，还对秦皇岛港临港经济区形成和发展具有决定性的作用，对于河北省建设沿海经济强省、打造沿海经济隆起带战略的实施具有深刻影响。

秦皇岛港占有11.7 km海岸线，其码头、堆场多为1978年以来围填海造地形成。秦皇岛港现拥有生产性泊位39个，最大可停靠15万吨级船舶。目前，港口的设计年通过能力2.23亿吨，其中煤炭通过能力为1.93亿吨，年输出煤炭占全国沿海下水煤炭总量的40%以上。秦皇岛港生产用库场面积186.5 hm^2，总容量574.5万吨。其中，煤堆场141.2 hm^2、容量540.6万吨，货堆场39.9 hm^2、容量22.3万吨，仓库5.4 hm^2、容量3.3万吨；另有散装粮筒仓7.47万立方米，成品油及污油储罐5.1万立方米。2006年，秦皇岛港完成货物总吞吐量2.01亿吨，其中，外贸货物吞吐量5 377.5万吨，集装箱吞吐量82 256 TEU，煤炭输出量超过1亿吨、营运收入30.98亿元。

1978年以来增加码头长度6 788米，增加生产性泊位27个，增加靠泊能力111.3万吨，增加年吞吐能力10 353万吨。其中，1978年以来通过回填秦皇岛湾等海域建成的库场面积111.27 hm^2，库场总容量增加510.82万吨。

1978～2007年，秦皇岛港围填海造地面积达702.74 hm^2，海滩上布设任何形成的工程，都可能改变动力场均衡态势，引发侵蚀、堆积位置和强度的变化。对周边生态环境产生了较大的影响。

(1)自然岸线遭到破坏。

为了适合船舶的停泊和货物堆放，秦皇岛港占用的11.7 km岸线的天然海滩被码头、货场和港池所替代，曲折迂回形成约38.37 km人工岸线。

(2)自然海滩数量减少、质量退化。

天然沙滩被改变成为人工地貌，城市生活岸线显著减少。平缓渐变沙质海滩变为陡坎深水的人工港池；同时，凸进向海上百米的工程改变了近岸海水流场，近岸泥沙流重新分配，使周围填海滩产生总体侵蚀的趋势。经1978年、2006年卫星影像对比分析，可以发现：

水产学校海滩：煤二期西 300 m 以内海滩呈淤积，淤积面积 1.03 hm^2；煤二期西 300 m 至围堰侵蚀，侵蚀面积 0.88 hm^2，岸线最大蚀退值 36 m，平均蚀退 17 m。

东山海滩：新开河口防波堤西海滩 450 m 以内呈淤积，淤积面积 1.80 hm^2；新开河口防波堤西海滩 450 m 至旅游码头侵蚀，侵蚀面积 0.50 hm^2，岸线最大蚀退值 24 m；平均蚀退 13 m；旅游码头西也为侵蚀，岸线平均蚀退约 10 m。

秦皇岛湾海滩：据秦皇岛港各项工程建设的海域使用流场分析，西港区建设使海港区体育基地浴场的流场有较大改变，防波堤对向西流动的涨潮流有加速作用，经加速后的涨潮流直接冲刷浴场；落潮流也直指浴场，而防波堤对落潮流的加速，又将涨潮流带下的海滩冲刷物质送至更远处，浴场海滩于涨落流场环境中均处于冲刷状。涨潮流带走的物质主要沉积于森林公园海滩，落潮流带走的物质主要沉积于西港池内。汤河口体育基地码头西防波堤西 380 m 以内呈淤积，淤积面积 3.26 hm^2；汤河口体育基地码头西防波堤西 380 m 处至环幕影院为侵蚀状态。

(3)城区生态环境恶化。

秦皇岛港是中国北煤南运的主枢纽港，年输出煤炭占全国沿海下水煤炭总量的 40%以上。但由于煤码头和煤堆场紧邻城区，且位于城区常年风的上风头，煤炭装卸作业和周转堆存产生的大量粉尘，在较大风力作用下，煤粉扬尘严重，城区空气中煤粉微粒长期居高不下，使市民健康受到严重威胁。

2.2.2　东海区围填海造地的典型案例——以福建省厦门市围填海造地为例

1. 厦门市围填海造地的时间分布特征

1973～2007 年的总填海面积为 3 672 hm^2，其中 1973～1993 年、1993～2001 年和 2001～2007 年三个时段的填海面积占总面积的比例分别为 15%、37%和 48%。三个时段的填海造地面积呈上升趋势，特别是中央对厦门经济特区实行的对外开放政策以及厦门为改善投资环境、吸引外资而制定了一系列的相关政策法规后，在厦门市的围填海造地活动中起着举足轻重的作用。2001～2007年的围填海面积高达1 748 hm^2，接近这34年间围填海总面积的50%。

2. 1973～2007年厦门市围填海造地的空间分布特征

1973～2007年岛内围填海面积为1 387 hm^2，占围填海总面积的38%，其主要工程分布在西海域码头、国际会展中心、五缘湾和同安湾国际机场等地；岛外围填海积为2 285 hm^2，占总面积的62%，其主要工程分布在海沧区、东咀港、杏林湾以及以及马銮湾等地。1973～1993年的围填海造地大部分都在岛内，占该阶段填海造地的86%；从1993年开始，岛外围填海造地面积开始大于岛内，1993～2001年，岛外围填海面积占该阶段总面积的64%，而2001～2007年，比例达76%。这反映了"把厦门市建设成为现代化国际港口风景旅游城市"战略转变对岛内外围填海造地的影响。

3. 1973～2007年厦门市围填海造地的用地类型

厦门市早期的围填海造地工程主要用于生产粮食、种植农作物，随着人口压力不断增长以及社会经济发展的需求，公共设施用地、码头用地、居住用地和工业用地面积占总围填海造地面积的91%，而耕地比例降至9%。这反映了快速城市化以及经济发展使厦门市围填海造地用地类型从原来的耕地用地向公共设施用地、港口用地和居住用地转变。另外岛内外围填海造地用地类型的差异也较明显，岛内围填海用地类型主要为公共设施用地和港口用地，其中，公共设施用地比例达到48%，港口用地比例较岛外高出26%，这表明岛内功能正向服务型、旅游娱乐型转变；而岛外居住用地与工业用地占岛外总围填海面积比率较大，这表明厦门市海岛型城市向海湾型城市转变战略启动后，岛外主要发展传统型工业，而本岛主要发展高科技型和技术密集型的精、小、轻、新产业。

4. 厦门市围填海造地的社会经济驱动力

影响厦门市围填海造地的社会经济因素主要有：

(1)人口因素。人口的增长导致了人均土地资源占有量的下降，造成了对土地的重大压力和许多矛盾。解决这种压力和矛盾的有效方法之一是通过围填海造地来增加工农业及建设用地，以满足人口增长对粮食、住房等方面的需求。1973～2007年，围填海造地用于居住和耕地的面积为1 165 hm^2，占总围填海面积的32%。

（2）经济发展水平的变化。社会主义市场经济建设的逐步深入和经济发展水平的快速提高，使人们生活水平不断提高，客观上使人们的消费形式有所变化，形成了不同的社会消费结构，因此要求土地所能带来的供给品种有所变化，这造成了围填海造地的不断扩展变化，同时也使围填海造地的土地利用景观类型发生变化。在以温饱为主要生活目标的阶段，围填海造地主要是用于发展农业生产、增加粮食供给。到了小康生活水平阶段，人们不仅要满足吃饱穿暖，而且要吃好、穿好、玩好，这导致了围填海造地不同时期利用景观类型的变化。1973～2007年，填海造地用于公共设施建设和工业用地面积为1 665 hm^2，占总围填海造地面积的45%。

（3）政策导向。国家建设方针政策对围填海区的变化影响重大，围填海造地是在一定的政治经济体制下进行的。各个阶段不同的政策导向，对围填海造地产生了深刻的影响。

（4）利益驱使。围填海造地工程实施一方面可以增加土地面积，在一定程度上缓解建设用地紧张的问题，另一方面通过出让土地可以获取土地收益增加财政收入，更为重要的是实施围填海可以有效实现耕地的占补平衡，从而扩大城市近郊耕地的实际占用，既获得巨大的土地收益增加了地方财政收入，又规避了政策。

（5）资源环境意识淡薄。政府和公众对海洋资源重视不足、海洋环境保护意识淡薄是近岸海域环境问题的重要根源，也是造成不断开展围填海造地的一个原因。

5. 厦门市围填海造地对其海域环境的影响

多个围填海造地工程在长时间尺度下的累积影响大多是不可逆的，对海域环境有重大影响。围填海造地工程对海域的累积影响表现在以下几个方面：

(1)海域水动力条件总体变差。由于水域被围填或隔断,流速明显减小,特别是篙鼓水道及同安湾口受影响明显,形成湾内的淤积区。

(2)引起纳潮量的减少,水环境容量降低,使水体污染负荷加重,污染物扩散净化能力减弱,导致海域水质质量下降。

(3)对生物生态的影响。首先对比填海造地前后资料,明显发现底栖生物的种类数量急剧减少。其次是对中华白海豚、白鹭、文昌鱼、红树林和中国宣等珍稀海洋物种的影响:如填海造地活动直接永久性占用海域,缩小了物种的栖息环境;如改变了流场流态或沉积环境,使生物生境发生变化;如施工过程对生物生态的影响等。

(4)对滩涂资源和海洋旅游资源的影响。围填海造地工程大量占据了厦门海域尤其是西海域和同安湾的滩涂和浅海资源,已成为滩涂和浅海资源的主要开发利用类型。围填海造地破坏了一些文化遗产和沿海景观。有些沿海的围填海造地工程使许多沿海古迹、文化遗产和风景景观毁于一旦,如厦门东南部的“白石飞沙”和白鹭洲的“贾彗渔火”。由于围填海造地工程,海域缩小、纳潮量下降、滩涂淤积,加上陆源污染物倾泄和海湾自净能力降低,导致厦门海域的沙滩发黑、淤泥增多、浴场水质变劣。

2.2.3 南海区围填海造地的典型案例评述——以澄饶联围为例

1. 澄饶联围的基本情况

澄饶联围是饶平、澄海两县人民在20世纪70年代“农业学大寨”运动中,以愚公移山的精神,为填海造田、发展粮食生产而联合围垦的。联围通过填海修筑三百门大堤和高沙大堤,把饶平县原海山岛与大陆连接起来,使饶平、澄海两县在围垦区内的大片海滩涂告别潮涨潮落,成为万顷平畴的可耕农田。联围总面积4853.3 hm^2,其中可耕面积213.3 hm^2,占联围面积的44%。在计划经济“以粮为纲”的年代,围内的可耕地曾为当地解决缺粮问题发挥了不可忽视的作用。

澄饶联围的围垦成功，并与引淡灌溉相配套，使澄、饶两县增加了几万亩水稻种植面积，但也使数万亩滩涂贝类养殖消失，久负盛名的汫洲大蚝从此销声匿迹。由于三百门大堤和高沙大堤的修筑，使进出柘林湾的海流通道受到阻隔，海水流动交换性能变差（据水产局监测，柘林湾水体全面交换一次需 15 天），三百门一带海域自然生态发生了变化，原盛产于当地的一些经济鱼类失去繁殖栖息场所而大量减少。历来以浅海滩涂捕捞、养殖为业谋生的汫洲居民不得不弃渔从农弃渔从商，汫洲农业生产走上了单纯发展种植业的道路，经济发展步入了“死胡同”。其他市镇在澄饶联围内的土地也因单纯种植水稻，自然优势得不到发挥。

改革开放以后，围内的生产、经营者在市场需求的引导下，自发地逐步把盐渍低洼、低产、低效的农田改造为鱼虾蟹养殖塘，经济效益比种植水稻大大提高。到目前为止，澄饶联围内的耕地除海山镇、澄海市还保留少数面积种植水稻外，绝大多数已改为鱼虾养殖塘，占围内总面积 56%，不宜耕作的水面也被利用发展吊养太平洋牡蛎和网箱养鱼。仅以汫洲镇为例，从 20 世纪 80 年代中期开始，联围内耕地先后被改造为鱼虾池，现已建成高标准养殖池近 1 hm^2。1985 年开始，该镇率先在围内等深线 2 m 以下的水面发展太平洋牡蛎吊养；1992 年开始，在等深线 3 m 以下水面发展网箱养殖；到 1997 年，全镇在围内发展贝类吊养达1 800多亩，网箱养殖8 500多个。据调查结果显示，澄饶联围内耕地改造为海淡水养殖池，在水质尚未恶化之前，通过鱼虾蟹混养，每亩可产鱼虾蟹各 50 多千克，创值4 000多元，每亩纯收入 1 000 多元，比种植水稻的经济效益高 4～5 倍以上，特别是占 56%的水面，风平浪静，不受台风暴潮影响，成为发展各种贝类和网箱养殖的良好基地，因此澄饶联围的水产养殖业已成为镇渔业生产的重要组成部分。从那时起，澄饶联围受益区的人民才真正尝到了围填海工程带来的甜头。

2. 现状及存在的问题

随着围内农田改造为养殖塘面积的扩大、养殖年次的增加，特别是整个联围水污染的日益加重，越来越暴露出原有水利设施与体现资源优势而发展起来的海水养殖业的矛盾，这些矛盾已影响到围内养殖业的健康发展和效益的提高。

目前，澄饶联围的利用和水环境存在三方面的问题：

(1)水质盐度不适应海水养殖的需要。

就目前的市场价格看，海产鱼类比淡水鱼类价格要高，一定面积的海水养殖效益与同等面积的淡水养殖效益差别更大。一般情况下，淡水养殖比种植水稻的经济效益高。正是在价格机制的作用下，澄饶联围的经营者才大规模地调整发展水产养殖。但是由于澄饶联围围垦的最初目标是造田种植水稻，为之配套的水利设施功能是挡潮及排除超过围内一定水位的积水、引淡冲咸、满足水稻种植和灌溉的需要。因此，围内水质必定淡化。但以滩涂为基础形成的农田改为养殖塘后，仍继续释放出盐分，使其水体中含有一定的盐度，正好适宜于低盐度要求鱼类的养殖。这正是围垦的初衷被调整改造为养殖的一个客观条件。此外，由于两处拦海大堤的渗漏，使围内水体拥有一定盐度，这又是水面发展牡蛎等贝类吊养和网箱养殖低盐要求鱼类的又一客观条件。正是基于这两个客观条件，才使发展养殖初期普遍产量和效益可观。但是随着围垦和养殖年次的增加，水体中的盐度越来越低，养殖的品种越来越趋向于淡水鱼类，因此效益也越来越低。澄饶联围应有的养殖优势因水利设施功能的限制而得不到发挥。据镇小红山海水养殖场与澄饶联围目前水质的养殖情况对比，即可看出效益的差距。

小红山养殖为海水养殖，配有淡水调剂。一般养殖塘实行混养，正常年景亩产对虾 60 千克，现行价 20 元/千克，产值 1 200 元；产蟹 40 千克，现行价 40 元/千克，产值 1 600 元；产鱼(海产优质鱼)75 千克，现行价 10 元/斤，产值 1 500 元。合计产值 4 300 元，抵除成本每亩 3 000 元，每亩纯收入 1 300 元。

澄饶联围养殖塘由于水质淡化和污染，虽然也有灌溉渠淡水供给，一般也实行混养，正常年景亩产对虾 15 千克，现行价 20 元/千克，产值 300 元；产蟹 25 千克，现行价 40 元/千克，产值 1 000 元；产鱼 75 千克(淡水鱼)，产值 350 元。合计产值1 650元，抵除每亩成本 1 300 元，亩纯收入 350 元。

上述两处养殖环境条件不同，养殖效益每亩纯收入相差 950 元，可见海水养殖效益之高，也可预见若澄饶联围纳入海水，改善水质，使之适应海水养殖的需要，其效益潜力之大。按以每亩增收 950 元计，饶平县三镇在澄饶联围内约 2 hm^2 养殖塘每年可增加纯收入 1 900 万元。

由于水质盐度低，不但影响养殖塘的海水养殖，而且使水面网箱也不能养殖高档海产鱼类。从 1998 年起，围内大部分网箱已移出围外，仅剩靠近三百门大堤，依靠海水渗漏使水体含盐度较高的位置适应养殖一些低档鱼类和贝类。昔日星罗棋布的贝类吊养和网箱养殖由于水质淡化和污染早已"退避三舍"、"丢盔弃甲"，被适应于淡水生长的水葫芦所占领。澄饶联围这个曾经列入国家星火计划的水产养殖基地逐步失去应有的作用。

(2)水体污染日益严重。

澄饶联围上游集雨范围面积约 260 多平方千米，包括黄冈镇西南区域，钱东、高堂、汫洲三镇，还有澄海市部分乡镇，其工农业生产废水、生活污水未经处理全部排入围内。即使联围在低潮位时实行开闸排水(高沙水闸年久失修，不能正常排水)，但污染物仍有相当部分沉积下来，日积月累，污染物越积越多，形成了沉积层(主要成分为有机质)，成为水质常年恶化的基质。据探测，污染沉积层最厚达 2～3 米，人体接触难以洗净。每当气温升高时，这些有机质便释放出有毒气体、物质，毒化水体。正是由于这一原因，每年 5 至 10 月，常因气候突变、暴雨骤至，造成大面积网箱养殖死鱼。1998 年秋季死鱼 5 000 多担，损失 2 000 多万元，大量养殖户拥至镇政府诉说上访，成为当时一宗社会不稳定事件。1999 年至今，每年都会死鱼 2 000～3 000 担，损失十分严重。由于围内水质差，养殖户不敢引作养殖用水，在夏季高温的环境下，由于缺少新鲜水的补充，经常出现整个养殖塘鱼虾暴死的现象。澄饶联围水质的污染已使养殖条件变得越来越恶劣，养殖户大部分处于亏损状态，不但影响群众的收入，也使承包款难以收取。

澄饶联围水质污染不但使围内几万亩水产养殖处于低产和不安全的状态,同时也给柘林湾养殖基地带来威胁,主要是由于围内污水排向不合理。柘林湾是沿海五镇重要的经济载体,有3万多亩贝类养殖,4万多个养殖网箱,年产贝类近10万吨,网箱鱼1万多吨,是广东省最大的海水养殖基地。但是由于养殖密度大,养殖残渣逐年增多,加上澄饶联围修筑拦海大堤阻挡海流,造成水体流动交换性能变差,使养殖环境越来越恶化。1997～1999年连续三年出现赤潮,部分贝类、网箱养殖遭受灭顶之灾。近几年来也多次出现因围内污水排出造成部分网箱养殖死鱼的现象。因此,澄饶联围内的污水向柘林湾排放,必然会恶化海域的水质,给柘林湾的水产养殖业带来威胁。这并非危言耸听。

(3)生态失衡,资源浪费。

澄饶联围未围垦之前,该片海区滩涂海产品十分丰富,许多浅海鱼类成为饶平特产,闻名遐迩。即使围垦初期,围内的生态也仍完整,捕捉各种大小鱼虾蟹产品是当地群众一宗副业收入。但随着水质污染加重、水体淡化,原本生于斯长于斯的海产品越来越少,逐步为原产于非洲的罗非鱼所代替。联围内的水里失去了往年的喧闹,逐步成为一片死寂,也使成百上千的以浅海滩涂捕捞为业的渔民失去了生产的门路。

澄饶联围目前生态已失去平衡,同时由于水质淡化、水体污染、富营养化,使水葫芦得以大量繁殖,以致逐渐占领水面,使原来吊养的贝类、放养的网箱也因水葫芦狂长、争夺氧气被迫退开。目前围内3万多亩水面约有一半以上被水葫芦覆盖,有些地方其密度之大,连机船都无法前进。在人口与资源矛盾十分尖锐的国度里,这种水面资源的浪费是多么的可惜。

3. 小结

澄饶联围的围垦成功,其利弊不是现在可以说得清楚的,但有一点可以明确的是,人类在开发自然的过程中,当其为开发带来的财富而骄傲的时候,也为此付出了代价。

就目前澄饶联围的现状,每每使汫洲人勾起对昔日三百门湾波涛汹涌、渔帆翦翦、万亩蚝埕，使汫洲的名字响彻粤东大地的美好回忆。有的群众激动地向政府人员建议把三百门大堤和高沙大堤炸掉，还昔日原状。话虽太极端，但也有一定的道理。就目前的情况看，炸堤还海是不可能的，但如何改造澄饶联围，使其资源得到充分利用，最大幅度发挥其经济效益、社会效益和环境效益，乃是今天要研究的一项课题。

因此，建议上级及有关部门从区域可持续发展战略上着眼，从资源优化配置出发，认真审视澄饶联围这个时代产物遇到的一系列问题，及早作出科学的决策并给予资金上的支持。

2.3　我国围填海造地的总体评价

随着我国经济和各项建设的快速发展，陆域土地紧张的矛盾日益突出，国家采取了“建设用地计划供给制度”、“用途管制制度”、“占补平衡制度”等一系列保障供地措施。同时，对海域的需求旺盛，也使海域已日益成为一种比较稀缺的资源。从用海空间布局上看，海域使用主要集中在近海沿岸、沿海城市附近海域、河口三角洲地区。由于当前海洋管理环节薄弱，致使海域总体开发深度不足，近岸海域趋于饱和，并存在一定程度的粗放利用现象。从用海产业比重上看，随着海洋经济的发展，第一产业增加值比重将进一步下降，第二、第三产业增加值比重将进一步提高，各产业之间用海矛盾日益突出。近年来，沿海各地陆续实施了一些围填海造地工程，对缓解工业及城镇建设用地供需紧张的矛盾、促进地方经济发展起到了积极作用，但也存在建设项目不明确、盲目圈占海域的现象，不仅造成了海洋环境的严重破坏，也造成了海域资源的极大浪费。

据不完全统计，由于不合理的围填海活动，已使滨海湿地减少了600多平方千米，海岸生态系统遭到破坏。目前，辽宁有70%的砂质海岸受到侵蚀，海岸遭破坏性利用，海湾和岸线大大缩减。例如，庄河市蛤蜊岛有一块被誉为“北方贝库”的海滩，1986 年以前年产贝类 5 万吨，产值 2 000 万元。1986 年，地方投资 120 万元，在蛤蜊岛与海岸之间建成 1 200 m 的引堤，供渔船停靠。此海堤的修建，截断了陆地至蛤蜊岛之间的东西侧的水体交换，加速了细粒物质的淤积，“北方贝库”变成了烂泥潭，贝类完全绝收。虽然在靠近蛤蜊岛处留有 9 个直径 2 米的海水通道，但纳潮量仍然减少 1/3，对于维持贝类正常的生存无济于事。

不可否认，围填海造地已经成为当前经济社会发展的客观需求，但其积极效应与负面影响的同时并存，要求我们对围填海造地进行 SWOT 分析，为政府围填海造地管理工作提供理论依据与决策参考。

2.3.1 围填海造地的积极效应

科学合理的围填海对于我国经济社会发展的重要意义是不容置疑的。通过对我国各海区沿海城市围填海造地活动的考察与研究，可以发现围填海造地在缓解人地矛盾、推动社会经济发展方面发挥了至关重要的作用。目前，围填海每年新增的建设用地约占全国每年新增建设用地总面积的 3%～4%，占沿海省(区、市)每年新增建设用地面积的 13%～15%。

(1)提供农业、水产养殖的土地资源，发展了创汇农业。

沿海地区人多地少，耕地和农业其他用地十分紧张，围填海造地是实现耕地总量动态平衡的主要途径。在围垦地上建立畜牧生产基地、蔬菜生产基地和林果生产基地，为城市经济发展和人民生活的改善起到了积极作用。围垦土地为水产养殖提供空间，如上海市崇明县，原来淡水鱼很少，近年来在围垦的滩涂上开挖了 866.7 hm^2 鱼塘，年产鱼量高达 1 975 吨，不仅解决了本县的吃鱼问题，而且为上海城区提供了大量鲜鱼。

(2)提供工业用地、交通用地及市政建设用地，拓展发展空间。

随着我国沿海地区经济的快速发展以及人口增长压力日益增大，围填海造地已逐渐成为我国沿海地区拓展土地空间、缓解城镇用地紧张和招商引资发展用地不足矛盾的一种途径。

首先，围填海造地可以缓解沿海城市建设用地紧张的局面，如在围填海造地的基础上建设石化工厂、电厂、钢铁厂等工业企业。其次，围填海造地还给交通事业的发展提供了空间。如在围垦的土地上建设四通八达的陆地、水上交通线路和飞机场等，它联系着众多企业、农场与居民点，成为连接城乡经济的脉络。一个典型的例子就是浦东国际机场的建设，它是国内重要门户及国际枢纽机场之一，其具有旅客处理能力 8 000 万人次和货邮运输能力 500 万吨的规模。经过周密的研究，将机场在原有的位置上东移 700 m，二期建设基本上在围填海所造的土地范围内，不仅为今后机场发展提供了 18 km^2 的充足土地，而且在东滩 0 m 线处通过围填海造出了土地，为机场持续发展提供了空间环境。另外，围填海造地同样可以提供港口、水库以及相关市政设施的建设用地，对促进地方经济发展和繁荣起到了积极作用。

(3)增强了抗击海洋灾害的能力。

沿海许多地区都是海洋自然灾害的频发区，海岸经常会受到台风、海啸、海流的袭击、侵蚀和冲刷。而围填海造地通过围垦工程和岸线整治，改善了局部地区的海洋生态环境，不少沿海地方如厦门、青岛、珠海通过围填海对一些开发利用不合理、生态环境恶化的海域进行整治修复，形成了一批优质的自然岸线和高品位的人工岸线，改善了岸线景观，避免或缓解海蚀作用的影响，对海岸带及海岸工程、浅海域生态和沿海人民的生命财产安全起到了保护作用，有效地防御了风暴潮袭击。上海市通过围填海造地使北港、南港两分汊的分水分沙复杂程度得以降低，近百年来几易入海主航道的主要原因基本消除。今后如科学保护、适度围垦九段沙和横沙浅滩，将更有利于长江口航道的治理。随着长江口深水航道整治工程的展开，治理河口的方针从过去“整治、疏浚、围垦”三结合将调整为“围垦、整治、疏浚”三结合，围垦在长江河口治理过程中放在首要位置。浙江省钱塘江往日江道游荡多变，两岸潮灾不断。钱塘江河口治理正是坚持了治江结合围垦、围垦服从治江的原则，不断治江围垦，缩窄江道，稳定河床，才使钱塘江江道得到了根本性的治理，两岸人民不再遭受潮灾侵袭。

(4)有效拉动投资，促进了经济增长。

围填海工程建设及项目投资大概每公顷1亿元左右，按照最近几年的围填海面积测算，每年可拉动投资2万亿，与铁路、高速公路等基础设施建设投入具有相似的效果。同时，围填海造地为国家产业布局和结构调整创造了条讲，拉动了经济增长。例如，首钢搬迁至河北曹妃甸围填海造地区，不仅优化了我国钢铁工业布局，而且也为北京改善空气质量、成功举办奥运会发挥了重要作用。另外，围填海造地为沿海地区城市布局调整作出了贡献，不少沿海城市如天津、连云港、汕头等城市都通过围填海造地建设滨海新城，解决了沿海不靠海、有海不能用海的问题，提升了城市价值。

2.3.2 围填海造地的负面影响

围填海造地在带来经济效益的同时，也对海洋生态环境和海洋的可持续发展产生了不良影响。海岸带地区是地球表层岩石圈、水圈、大气圈与生物圈相互交叉、各种因素作用频繁、物质与能量交换活跃、变化极为敏感的地带。现今的天然海岸线是在各种动力因素作用下经过长期演变形成的，处于一个相对动态平衡的状态，而围填海造地是在短时间、小尺度范围内，通过改变滩涂湿地生境中的多种环境因子，改变自然海岸格局，因此会对系统产生强烈的扰动，造成新的不平衡，有时甚至会引发环境灾害，造成巨大的损失。

(1)海湾面积锐减，海湾属性弱化。

目前，沿海地区对岸线和海域资源的开发利用方式还存在简单粗放的问题。由于在海湾内部填海可以以相同的填海工作量获得更大的填海面积，因此人们往往习惯于采用海岸向海延伸、海湾截弯取直等方式进行围填，却忽视了资源的利用效率和生态环境价值，造成自然岸线缩减、海湾消失或面积减少等问题。海湾面积的减少，降低了海水自净能力，导致局部海域水质恶化。另外，围填海工程会直接改变区域海岸结构和潮流运动特征，影响潮差、水流和波浪；使得原有的水文动力环境发生改变，破坏了原有的泥沙冲淤动态平衡，会造成冲淤环境的改变，有可能导致海岸侵蚀加剧或者海岸的不稳定、港口和航道的淤积等，从而丧失了海湾属性。

(2)海岸自然景观破坏。

良好的海岸自然景观具有很高的美学价值和经济价值，围填海后，人工景观取代自然景观，降低了自然景观的美学价值，并且很多有价值的海岸景观资源在围填海过程中被破坏。同时为了降低工程造价，许多围填海项目的填海材料都是就地取材，取海岸后缘的山体或土体直接作为填海材料，这样往往造成海岸原始景观的破坏，很多山体被挖的千疮百孔，而且这种对沿岸景观资源的破坏在很长的一段时期内很难被恢复。

(3)生态系统功能退化。

围填海造地使原有的海湾生态系统部分被人为地改造为陆地生态系统，由于两个生态系统中生物组成结构和作用方式大不相同，将会对当地的生态环境质量造成严重影响，整个地区生态环境也将被彻底改变。

① 生物多样性丧失。滨海湿地、河口、海湾、海岸等都是重要的生态系统，也是围填海活跃的地区，缺乏合理规划的大规模围填海活动将使这些重要的生态系统严重退化，生物多样性降低。围填海造地会使潮间带滩面消失，生态环境受到严重破坏，滩涂生物种类锐减；破坏海洋生物链，使海洋生物锐减；严重损害栖息生物的生态环境，导致原有生物群落结构的破坏和物种的减少。

② 对近岸海域渔业资源造成影响。近岸海域是很多海洋生物栖息、繁衍的重要场所，大规模的围填海工程改变了水文特征，影响了鱼类的洄游规律，破坏了鱼群的栖息环境、产卵场，很多鱼类生存的关键生境遭到破坏。施工过程中会引起水体悬浮物浓度增高，并改变海底沉积物组分与分布特征，影响海洋生物繁育。

③ 严重影响纳潮量和海水自净能力，环境污染压力加大。围填海造地使海水潮差变小，潮汐的冲刷能力降低，港内纳潮量减

少，再加上大量的围填海工程均在内湾，进一步减少了内湾的纳潮量和环境容量，海水的自净能力也随之减弱，影响海洋生态系统的自我修复能力。另外围填海造地的陆地主要用于修造船业、临港海运业和其他临港工业，各种污染物较多，尤其是各种污水、油污直接排入大海，导致海水富营养化的可能性大大增加，从而可能引发赤潮的概率也大大增加，给沿海的海水养殖业和海洋渔业生产带来巨大的危害。

④ 红树林保护区的减少甚至消失，威胁海湾生态环境的安全。滩涂湿地是红树林主要的分布区。在海岸带生态系统中红树林占有重要位置，其生态调节功能显著，对于环境扰动和不平衡具有相当大的抵抗力和耐受力，同时它还具有极高的生物多样性，是一些特殊物种赖以生存的环境。如果围填海占据了红树林区，毁掉红树林，将使其提供的各种调节服务（气候调节、减缓风浪、防洪护岸、控制侵蚀等）、生境服务、养分循环及维持生物多样性等功能完全丧失，并影响渔业资源的供给。与此同时，围填海使近海滩涂面积减少，将改变海湾原有的水动力条件，减少纳潮量，进而影响其环境容量，削弱海域的废物处理服务功能，从而引起生态环境质量下降，以至影响生态系统的稳定性，造成生物的死亡、迁移，生物种类和数量减少。另一方面，红树林是一种具有观赏性和备受关注的科研物种，如果红树林遭受破坏，海湾的审美信息、娱乐旅游和科研价值将受损。总之，围填海使浅海滩涂变为陆地，对海岸带生态系统的供给、调节、文化和支持服务都造成损害，如广西因围填海而大量砍伐红树林，2/3 红树林已经消失。

(4)围填海造地造成资源利用冲突，加剧产业之间的矛盾。

由于陆地资源的相对稀缺性，各产业对土地的需求都是比较大的。虽然通过围填海造地活动能够增加部分土地供给，但相对于巨大的土地需求来说土地供给还是远远不够的，这就会使各产业部门想方设法争夺有限的土地资源。下面以河北省为例来说明一下这个问题。

在河北省，随着海洋经济的不断发展，各业对围填海造地的需求逐渐增大，资源供需矛盾日渐突出，在秦皇岛海域表现为港口及工业区围填海造地与滨海旅游、设施养殖的矛盾；在唐山海域表现为港口及工业区建设围填海造地与滩涂养殖、盐业的矛盾；在沧州市海域表现为近岸石油开采、港口建设围填海造地与海水养殖业、盐业的矛盾等。

① 围填海造地与养殖业、盐业的矛盾。

围填海造地占用养殖业、盐业的发展空间，改变了水动力条件，影响了鱼类的洄游规律，破坏了鱼群的栖息环境、产卵场，很多鱼类生存的关键生境遭到破坏，如辽宁的"中华蚬库"已基本不存在。特别是港口建设和工业区建设实施后，因废弃物的排放，造成附近海域水质标准下降，影响养殖业、盐业的水环境和底质环境。

② 围填海造地与旅游业的矛盾。

目前的平推式围填海使岸线经截弯取直后长度大幅度减少，海岸动态平衡也被破坏。另外，围填海造地工程引发的岸滩冲淤变化，对旅游海滩资源品质造成负面影响；围填海造地工程，特别是港口建设和工业区建设实施后，造成附近海域水质标准下降，影响滨海旅游环境，如山东莱州岸线长度比 20 世纪 80 年代中期减少了 25 km。

(5)海岸防灾减灾能力降低。

海岸带系统尤其是滨海湿地系统在防潮消波、蓄洪排涝等方面起着至关重要的作用，是内陆地区良好的屏障，而大规模的围填海工程可以改变原始岸滩地形地貌，破坏滨海湿地系统，削弱海岸带的防灾减灾能力，使海洋灾害破坏程度加剧。

(6)激化社会矛盾，增加了社会不稳定因素。

浅海滩涂作为一种公共资源，公众享有公平的使用权，特别是世代生活在此的当地人依靠这些资源维系他们的生产和生活；围填之后这些资源变为某些人或某集团的私人物品，而多数当地人丧失了他们赖以生存的资源，这必然会激化社会矛盾，增加社会的不稳定因素。福清湾、兴化湾和厦门湾均出现相似的调查结果，多数公众强烈反对围填海工程，认为这是少数人剥夺了多数人挣钱的权利与机会。

同时,围填海造地会使涉海部门之间产生矛盾。涉海部门除海洋局外,还有水务、水产、土地、交通、环保、林业和发展改革委员会等多个部门。由于围填海造地与这些部门存在利益与管辖权等方面的问题,加上围填海本身的某些负面影响,所以在项目实施前应做好协调工作,处理与这些利益相关者的矛盾,包括围填海造地对挡潮闸下航道的淤积问题、原有渔民群众的安置问题、相关法规的协调问题等。

另外,无序的"填海"使得原先的行政区划概念充满变数,而省、市之间的矛盾也有可能因此而激化,甚至引发国家之间的争端。新加坡与马来西亚之间仅仅隔着一条 1400 m 宽的柔佛海峡,两国在地理、历史、血缘等方面关系十分密切。新加坡在柔佛海峡的围填海造地工程引起邻国马来西亚的强烈不满。新加坡坚持它的围填海工程对马来西亚不会造成影响;马来西亚则表示填海工程影响马国的船运和渔民的收入,并可能破坏本国的生态环境。

2.3.3 科学、适度围填海造地应注意的几个问题

在目前国家实行最严格的土地保护政策和进行宏观经济调控的大背景下,向海洋要土地、要空间已经成为沿海地区共同的政策趋向,各级海洋行政主管部门面临的"填海热"压力空前增大。如何做到科学、适度围填海,既满足海洋经济的发展需求,又保持海洋资源与环境的可持续利用呢?

面对新的发展形势,我国必须审时度势,重新审视围填海造地的正面效益与负面效益,探寻实现经济效益、社会效益与生态环境效益协同发展的具体途径。

(1)正确处理围填海造地与经济发展的关系。

基于围填海造地的经济效益,政府应该合理利用海洋资源,对围填海造地不能一概反对。21 世纪是海洋的世纪,海洋经济的跨越式发展,需要沿海区域按照科学发展观的要求,根据海域自然属性和社会发展需求,统筹围填海造地与海洋经济发展的关系,为经

济社会的发展提供新的空间和平台。

海洋资源的开发利用是有限度的，要从高附加值、拉长产业链、再生持续资源替补来研究海洋资源为载体的海洋经济发展，只有这样海洋资源利用率才能倍增，才能符合循环经济规律。仅仅把“以经济建设为中心”理解为以单纯的经济增长为中心，把“发展是硬道理”理解为GDP增长是硬道理显然有些片面了。因此，政府应通过颁布各项法规和条例，明确各级政府项目用海的审批权限，并逐步完善配套法规，使围填海走上有法可依的使用论证和环评论证程序，逐步扭转用海“无序”、“无度”和“无偿”的局面。应该把我国的海洋划分成为不同的功能区，把海洋环境保护与海洋开发利用结合起来。对于国家明令禁止以外的海域，如建港条件差、养殖不发达、无敏感保护目标、受海蚀作用强烈的近海滩涂，在符合围填海造地规划要求、遵守建设项目环境保护管理规定的条件下，可以适当围垦，但围垦范围应尽量控制在中、高潮带以上的荒滩、荒地，以减少湿地的损失。对于那些目前“看不准”、“难预见”、“有争议”的围垦项目，宁可暂时将其搁置，也不要盲目轻率决策。

(2)统筹围填海造地与资源保护的关系。

不管围填海造地如何“科学”，它在带来经济效益的同时，也不可避免地带来生态退化、环境恶化、资源衰退等多方面的问题。科学围填海只能解决开发利用海洋资源合理性问题，如何才能更加有效地降低围填海对海洋资源和环境的损害呢？在这一进程中，应建立规范的海洋生态资源补偿机制，采取多种措施，重视海洋资源与生态环境保护工作。

保护和改善海洋生态环境、提高海洋环境质量、实现海洋生态保护的目标，科学技术是关键。特别是在我国近海岸的资源家底不清、陆海界址不明、环境容量不知、生态平衡不解的前提下，更有必要落实科技兴海战略，增强科技对围填海造地的指导。在健全海洋监测预报体系、开展近海岸海洋资源调查与评价、探索海岸带平行管理的示范、监察近海岸动态等基础上，由各方面的专家，从不同的角度、广度、深度展开效益评价及可行性研究论证，注重研究海洋综合治理手段与管理对策，从根本上控制近海海域日益污染的趋势。

(3)变单个项目局部申请为整体宏观布局。

围填海造地是一项涉及面广、生态环境影响大、关系复杂的系统工程。但近年来，从渤海湾到东南沿海，各省市围填海项目陆续开工建设，这些项目多数是依法申请、审批，但申请海域使用论证材料多为局部评价，更多的是注重单个项目的审批，缺少区域宏观论证。这样做的后果是某围填海项目局部论证可行，相邻项目局部论证也可行，而区域整体分析可能不可行。这种现象在一些跨省市、半封闭海湾的围填海填海工程项目中表现得尤为突出。因此，今后有必要对围填海的宏观布局进行规划，为区域性建设用海规划的编制和具体围填海项目审批提供依据。

(4)转变围填海造地工程设计理念。

为了将围填海的生态环境影响降到最低，必须尽快转变围填海造地工程的设计理念。围填海造地必须科学适度、生态环保、节能减排，要用新型的围填海理念，改变过往简单的滩涂填平方法，即由海岸向海延伸式围填海逐步转变为人工岛式和多突堤式围填海，由大面积整体式围填海逐步转变为多区块组团式围填海。建议每个重大用海项目都要负责建设一座人工鱼礁区，建设一片红树林或一个保护区。

人工岛式围填海所实现的不仅仅是陆地面积的价值，还增加了人工岛水路兼备的潜在价值，是对海洋功能的充分利用和体现，尽管填海的费用可能要高一些，但填成土地的价值大大提高。从生态环境保护上看，与整体向海延伸式相比，便于避开生态敏感区，工程项目内部大多采用水道分割，很少采用整体、大面积连片填海的格局，在一定程度上能维持水体交换和海洋生态系统，为海洋生物活动留下通道和空间，对海洋环境影响相对较少。采用人工岛式也不损毁原有岸线，可最大程度减小对原有依托海岸开发活动的影响。因为人工岛式在岸线形态上，大多采用曲折的岸线，极少采用截弯取直的岸线形态。

综上所述,我国围填海造地虽然提供了大量的城市工业、港口、交通、居住等土地,有效缓解了经济发展与建设用地不足的矛盾,但却严重忽略了陆地生态环境和海洋生态的安全,产生了各种工程、环境和生态问题。因此,应借鉴国外围填海造地的经验和教训,本着科学、合理、有序开发利用海岸和自然资源的原则,统筹考虑围填海造地工程,不能放任自流、盲目围垦,忽略对海洋及陆地环境的保护,但同时对围填海造地工程不能一概反对,必须坚持可持续发展。

3 我国围填海造地效益的综合评价

3.1 围填海造地效益分析与评价方法

人们对围填海造地的生态环境、经济和社会影响研究经历了逐步深入的过程。围填海造地对海域造成的最直观的影响是水动力条件和海洋冲淤条件的改变,最初人们对围填海工程的影响进行论证多从这两方面的影响来考虑,包括引起的潮量变化、各水道流速变化及长时期的底床变形。随着海洋环境问题不断引起人们的关注,越来越多的学者开始对围填海带来的环境问题进行深入的探讨,包括以COD为指标因子,对COD浓度场的改变及污染物通量的变化进行计算分析,并从水环境质量、海洋生物种类和群落结构等方面进行分析,以纳潮量的减小定性地判断海域环境容量的减小;更多的学者从生态价值角度对围填海造成的影响进行了评估、预测。同时,人们对围填海造地的研究也慢慢超出了生态环境效益范围,把经济影响和社会影响也纳入综合评价体系范围。应当说,目前已有研究已形成对围填海造地综合效益影响评价的框架,但尚未形成系统的评价指标体系。

围填海造地项目涉及面广、影响因素多,在建立综合评价体系的过程中应注意体现评价其经济影响、社会影响和环境影响的发展情况,满足全面性、代表性、可比性和统一性的普遍要求,遵循最终影响、整体优化和动态变化的三大原则。

3.1.1 指标体系构建

综合考虑围填海造地对生态环境、经济和社会各方面的影响面以及指标的可获得性，遵照科学性和综合性原则、可行性和代表性原则、层次性和系统性原则，从围填海造地对生态环境、经济、社会三方面的影响选取指标，建立围填海造地综合效益评价指标体系。基于本论文研究的需要，将综合效益指标体系构建如表3-1所示。指标体系共分为三个层次，包括目标层围填海造地综合效益；效益指标层生态环境效益、经济效益、社会效益；分析指标层13个指标等。

表3-1　围填海造地综合效益评价指标体系

目标层	效益指标层	分析指标层	备注
围填海造地综合效益评价	生态环境效益	对海洋功能区的影响	养殖区、旅游区、保护区、港口航道区、人工渔礁区
		对环境质量的影响	主要是海水质量
		对生物质量的影响	主要指生物的检测指标
	经济效益	经济价值益损比	
		对农业影响	
		对盐业的影响	
		对运输业的影响	
		对旅游业的影响	
	社会效益	对人口和就业的影响	
		对基础设施和公共服务影响	
		自然灾害抵御能力	
		景观效应	

3.1.2　指标选择的解释

1. 生态环境效益指标

(1)对重点海洋功能区的影响。围填海造地对重点海洋功能区的影响，包括海水增养殖区、风景与度假旅游区、海洋保护区、港口航道区和人工鱼礁区，进行了全面的水质监测，监测指标包括pH、溶解氧、无机氮、活性磷酸盐、石油类、粪大肠菌群、总磷、总氮等18项指标。

(2)对环境质量的影响。围填海造地会对海洋纳污能力产生影响，所以需要通过考察海水中无机氮含量、无机磷含量和COD浓度变化来研究这种影响。本部分以COD、无机氮(以N表示)、无机磷(以P表示)三种污染物作为研究对象，将其作为保守物质进行研究，不考虑其在自然环境中形式的转化。

(3)对生物质量的影响。围填海造地对海洋环境和滩涂湿地的破坏，导致海域生物资源减少，生物多样性受损，生物种类减少，可选择生物资源的种类和数量的变化来反映围填海造地生物质量的影响效应。

2. 经济效益指标

借鉴于具体实施的围填海工程评估，本文对经济效益的评估主要从农业产品、海盐业、交通运输业、旅游娱乐等方面分析。其中，由于农产品、养殖产品、海盐作为经济产品在市场中流通，具有市场价格，其价值量均可以通过市场估价法进行估算，这种方法可以直接反映在国家收益帐户上，是目前人们普遍概念上的生物资源价值;交通运输业、旅游业的经济效益可通过其实现的年利润进行估算。

(1)经济价值损益。

围填海造地的经济价值主要是指在围填海造地范围内所产生的经济增长或衰退情况主要体现在增加土地总供给、增加资本积累、提高国家总产出和吸引国外投资等方面。围填海造地的效益主要按照土地上收益计算，采用当地基准地价。围填海面积内产生的经济效益$P=P_0+GDP$。式中，P_0为当年基准地价，GDP为当年围填海造地范围内产生的国民生产总值。

围填海造地的经济损失，可用建造工程的费用来估算生境功能丧失所造成的经济损失。具体计算公式如下:$C=Z+M+H$。

式中，C 为经济损失值；Z 为新建工程投资成本费；M 为环境治理设施运行、维护费；H 为环境功能丧失前的海域所用权收益金。

(2)农业。

围填海造地对农业的影响包括对耕地上农产品的影响，以及对养殖产品的影响。养殖产品是指人工海水养殖池塘养殖的海产品，主要包括鱼、虾、蟹等水产品。

农产品经济效益＝单位耕地面积产量×耕地面积×农产品平均市场价格×平均收益率

养殖产品经济效益＝养殖产品单位面积产量×海水养殖利用面积×水产品平均市场价格×平均收益率

(3)海盐业。

海盐的经济效益＝海盐单位面积产量×盐业利用面积×海盐市场价格×平均收益率

(4)交通运输业。

根据《中国海洋统计年鉴》，明确沿海交通运输业货物吞吐量、实现总产值，可得出单位吞吐量可实现产值。同时，可以查到各地区通过填海开发累计新增港口用地、新增货物吞吐量、港口平均利润率，由此可计算出该地区通过围填海实现交通运输的经济效益值。

交通运输的经济效益＝货物单位吞吐量实现产值×新增货物吞吐量×港口平均利润率

(5)旅游娱乐业。

对旅游娱乐业的经济效益估算可以采用旅行费用法，即根据旅游者在消费这些环境商品或服务时所愿意支付的费用对旅游价值进行估算，此方法旅行费用主要包括门票支出、交通食宿费用、购买纪念品和旅游时间消耗价值等，由于其涉及因素较多，难于统计，并且准确率也较低，因此采用相关部门统计的旅游收入代替旅行费用。

3. 社会效益指标

鉴于将人口和就业、基础设施和公共服务、自然灾害抵御能力和景观效应作为围填海造地的社会效益指标，而它们具有“隐性贡献”的特点，缺乏数据，因此无法使用市场价值法。在这里主要是通过咨询有关专家对社会效益价值进行评估；也可通过对资源使用者或受害者进行问卷调查，获取人们对社会效益的评估。

3.1.3 围填海造地效益评估的方法

基于生态环境效益（海洋水动力和冲淤、环境质量、生物质量）、经济效益和社会效益等三类指标，采用分层次筛选法与综合指数评价法，其中对海洋水动力及生态具有重大影响的围填海工况和难以确定围填海影响的围填海工况进行围填海工况的综合影响评价，确定围填海方案的适宜性。即对海洋水动力及生态具有重大影响的围填海工况，采用分层次筛选法进行评价，确定不宜围填的工况；对难以确定围填海影响的方案采用综合指数评价方法评价围填海工况的综合影响，确定围填海方案的适宜性。

(1)分层次筛选法。

围填海造地的生态环境综合效益、经济综合效益和社会综合效益的权重可根据不同海湾的情况具体确定（专家建议值经济效益为14%，生态环境综合效益比重大于50%），本文鉴于方法的概括性，对生态环境、经济和社会效益的权重采用平均权重来计量，然后在对单个效益进行评价时，依据表3-2至表3-4，依次按权重高的指标，从各类评价指标中的评价标准进行筛选，确定围填海工况的适宜程度。权重为推荐值，可根据各海湾实际情况采用专家评判法或层次分析法确定，表3-2至表3-4的评价指数值可进行相应的调整。

(2)综合指数评价法。

依据表3-2至表3-4各类评价指标体系中每种评价指标的计算方法，得出每个指标及每类指标体系的评价指数值（可用内插法赋值），并按下式计算围填海影响综合评价指数：

$$E_{recl} = E_n + B_{eni} + S_{oci}$$

式中，E_{recl}——围填海影响综合评价指数，范围为0～100；

E_n——生态环境综合评价指数值（见表3-2）；

B_{eni}——围填海经济效益评价指数值(见表 3-3)；

S_{oci}——围填海社会效益评价指数值(见表 3-4)。

将综合评价结果填入表 3-5，比较各种围填海设计工况的适宜度，推荐对环境影响最小的设计方案。

其中表 3-2 至表 3-4 各指标的标准为推荐值，可根据各海湾实际情况采用专家评判法或层次分析法确定。并且各标准值之间的评价指数可采用线性内插法赋值，超过标准最大赋予值时评价指数值为“0”。

表 3-2　生态环境效益评价指标与标准

<table>
<tr><th>分析指标</th><th>具体指标</th><th>标准</th><th>计算方法和说明</th><th>评价指数值</th></tr>
<tr><td rowspan="5">重点海洋功能区</td><td>海水增养殖区环境质量</td><td rowspan="7">海水水质四类标准</td><td rowspan="5">清洁海域，一类：符合国家海水水质标准中一类海水水质的海域，适用于海洋渔业水域、海上自然保护区和珍稀濒危海洋生物保护区；7～9 分
较清洁海域，二类：适用于水产养殖区、海水浴场、人体直接接触海水的海上运动或娱乐区，以及与人类食用直接有关的工业用水区；5～7 分
轻度污染海域，三类：适用于一般工业用水区；3～5 分
中度污染海域，四类：仅适用于海洋港口水域和海洋开发作业区。1～3 分
严重污染海域，五类：劣于国家海水水质标准中四类海水水质的海域；0～1 分
主要污染物：无机氮、活性磷酸盐、溶解氧</td><td>C_1</td></tr>
<tr><td>风景与度假旅游区环境质量</td><td>C_2</td></tr>
<tr><td>海洋保护区环境质量</td><td>C_3</td></tr>
<tr><td>港口航道区环境质量</td><td>C_4</td></tr>
<tr><td>人工渔礁区环境质量</td><td>C_5</td></tr>
<tr><td>海洋环境质量</td><td>COD 浓度和 N、P 等化学物质含量变动百分比(%)</td><td rowspan="2">适应于海洋渔业水域、海水养殖区、海洋自然保护区、与人类食用直接有关的工业用水区，一类 6～9 分；适应于工业用水区、滨海风景旅游区，二类 3～6 分；适应于港口水域和海洋开发作业区三类 0～3 分</td><td>C_6</td></tr>
<tr><td>生物质量</td><td>生物质量的指标达标情况</td><td>C_7</td></tr>
<tr><td>生态环境效益综合评价指数(E_n)</td><td colspan="4">根据具体工程情况，采用层次分析法或者综合影响评价法</td></tr>
</table>

表 3-3　经济效益评价指标与标准

指标	标准	计算方法和说明	评价指数
经济损益比	>1	收益=基准地价+造地范围 GDP 成本=新建工程投资成本费+环境治理设施运行、维护费+环境功能丧失前的海域所用权收益金	14,8,5
	0.75		
	0.5		
农业经济效益	各项经济效益值占全部经济总产值的比重(%)	农产品经济效益=单位耕地面积产量×耕地面积×农产品平均市场价格×平均收益率 养殖产品经济效益=养殖产品单位面积产量×海水养殖利用面积×水产品平均市场价格×平均收益率	A_E
盐业经济效益		海盐的经济效益=海盐单位面积产量×盐业利用面积×海盐市场价格×平均收益率	S_E
运输业经济效益		交通运输的经济效益=货物单位吞吐量实现产值×新增货物吞吐量×港口平均利润率	T_{RE}
旅游业经济效益		采用相关部门统计的旅游收入估算旅游娱乐业的经济效益	T_{OE}
经济效益综合评价指数(B_{eni})	根据具体工程情况，采用层次分析法确定		

表 3-4　社会效益评价指标与标准

指标	标准	计算方法与依据	评价指数值
拉动人口和就业效果	不明显	围填海造地区域	E_{ff}
	一般		
	明显		
基础设施和公共服务水平	不明显		L_{ev}
	一般		
	明显		
自然灾害抵御能力	不明显		A_{bi}
	一般		
	明显		
景观效应	不明显		E_{land}
	一般		
	明显		
社会综合效益评价指数(S_{oci})	根据具体工程情况,采用问卷调查法或专家评估法确定		

表 3-5　围填海造地综合评价结果表

	生态环境效益指标	经济效益指标	社会效益指标	综合得分	结论
工况 0					
工况 1					
工况 2					
工况 3					
工况 4					
工况 5					
工况 6					
工况 7					
工况 8					

(3)综合评价。

围填海造地的综合效益评价建立在前述层次分析法和综合指数评价法基础上,通过表格 3-2 至表 3-5,根据 E_{recl} 的计算公式,得到围填海影响综合评价指数。当 $E_{recl} \geqslant 75$ 时,表明围填海的影响轻微,可以适当进行;当 $75 > E_{recl} \geqslant 40$ 时,表明围填海存在一定的影响,应当慎重;当 $E_{recl} < 40$ 时,表明围填海影响严重,应当严格控制。

3.2 围填海造地的生态环境效益

围填海造地和海堤修筑,有效地挡住了海潮的侵袭,可使所在地的自然环境发生重大改变。不少垦区在自然淋溶和人工改良措施之下,土壤和地下水含盐量下降,耕地和林地代替了荒盐滩,咸水变成了淡水,成为更适宜人类生存的土地。有的地方围填海造地的同时还十分重视新海堤的植树造林和绿化,既能保护海堤,又可以改善生态环境。有沿海"绿色长城"之誉的海堤防护林,在降低风速、抵御台风暴潮灾害方面发挥了重要作用。

3.2.1 对重点海洋功能区的影响

围填海造地对重点海洋功能区的影响,包括营养调节功能、废弃物处理功能和生物栖息地功能。

(1)营养调节功能。

营养调节功能主要是指对海水中 N、P 等营养盐的调节功能,营养盐循环是海洋生态系统的重要组成部分,它促进了营养盐有机和无机之间的转换,是海洋生态系统内在的动力机制和海陆大循环的重要一环,同时对于研究沿岸区域赤潮和富营养化发生的原因及防治有重要的意义。围填海开发侵占了原有海域,破坏了原有海域的营养调节功能。

评价围填海造地对营养调节功能的影响可以通过考察对海水

增养殖区、海洋保护区和人工渔礁区环境质量的影响来实现。

(2)废弃物处理功能。

海洋废弃物处理功能是指人类生产、生活产生的废水、废气及固体废弃物等通过地面径流、直接排放、大气沉降等方式进入海洋，经过物理净化、化学净化和生物净化等过程最终转化为无害物质的功能。海水可以净化人类排入的多种废弃物，尤其是对COD、N、P等营养元素的吸收、转化和滞留有较高的效率，能有效降低其在水体中的浓度。由于围填海的开发，海洋的废弃物处理功能遭到破坏，海洋环境容量减弱。

废弃物处理功能的损害价值主要是指海洋环境容量价值的损害，海洋所容纳的污染物主要包括COD、N、P等营养元素，由于N、P营养元素的容量价值在营养调节功能中已有体现，为了避免重复计算，这里可以只估算COD的环境容量价值。

评价围填海造地对海洋废弃物处理功能的影响可以通过考察对风景与度假旅游区和港口航道区环境质量的影响来实现。

(3)生物栖息地功能。

海岸带生态系统具有给生物提供繁殖与栖息场所的功能，其最终价值也体现在海洋捕捞数量和质量上，围填海工程所占海域主要是软体动物(贝类)的繁殖与栖息地。

评价围填海造地对海洋生物栖息地功能的影响可以通过考察对海水增养殖区、海洋保护区和人工渔礁区的环境质量影响来实现。

3.2.2　对海洋环境质量的影响

(1)对水环境容量的影响。

围填海造地使海水潮差变小，纳潮量减少，湾内水交换能力变差，从而使得近岸海域水环境容量下降，削弱了海水净化纳污能力。另外，围填海造地主要用于城市建设和工农业生产，各种工业、生活污染物较多，尤其是各种污水直接排入大海，导致海水富营养化的可能性大大增加，加剧了海域污染，N、P等营养盐指标超标现象严重,从而可能引发赤潮的频率和强度也大大增加,给沿海的海水养殖业和海洋渔业生产带来巨大的危害。例如,福建省历史上发生于内湾的赤潮较少,而2000～2002这3年中发生于内湾的赤潮次数则多达10次,占赤潮总数的41.6%,其中有8次就发生在厦门岛周边的西港和同安湾海域,这与近年来厦门岛周边大规模围填海筑堤有密切的关系。同时,大规模的围填海工程不仅直接造成大量的工程垃圾加剧海洋污染,而且会使海岸线发生变化,海岸水动力系统和环境容量也发生急剧变化,大大减弱了海洋的环境承载力,减少了海洋环境容量。

(2)对滩涂和湿地自然属性的影响。

围填海造地彻底改变了滩涂湿地在海洋长期演替过程中形成的自然属性,使海岸带滩涂栖息生物、净化海水、纳潮淘沙等特殊功能作用消失或削弱,使湿地面积锐减。湿地是介于水生和陆生环境之间的过渡类型,盲目围填海不仅使滩涂湿地的自然景观遭到严重破坏,许多重要的鱼、虾、蟹、贝类生息、繁衍场所消失,许多珍稀濒危野生动、植物绝迹,海岸生物多样性迅速下降,而且大大降低了湿地调节气候、储水分洪、抵御风暴潮及护岸保堤等功能。

(3)对滩涂和湿地生态环境的影响。

围垦前的促淤,可以扩展湿地资源,加快潮下带滩涂湿地转化为潮间带沼泽湿地的进程,生物多样性资源将不断增加,使得湿地生态系统向有利的方向发展。围填海造地工程的实施可以改变以往无序的状态,有利于滩涂生态环境的维护,同时也可以通过水利工程措施,有效控制进入该区的营养物质的量,使得该区的水文环境得到充分的改善,为野生动植物营造一个栖息、繁殖的场所;并可控制盐水的入侵,限制不利于滩涂生态系统的自然行为,维持良好的滩涂生态系统。

但是围填海造地工程大量占据了海域的滩涂和浅海资源,造成天然海湾消失、河口束狭、岸线趋于平直等,使得众多的沙滩和湿地消退,生物种群迅速下降。目前我国湿地损失率已达到85%,海滨沼泽地逐渐消失。我国红树林和沼泽面积现仅有6 000 hm^2,

损失率达80%，远大于美国的53%、菲律宾的67%。海滨沼泽地的保护与候鸟迁徙和生物多样性存有密切关系。

(4)对海湾滩涂生态功能的影响。

围填海造地破坏了海湾滩涂在海洋生态功能区域中的作用。海湾滩涂是各种鱼类繁衍、大量海洋生物栖息、海鸟等野生动物觅食、珍稀动植物生长的场所，围填海造地毁灭了它们的家园，对生物多样性保护构成了威胁。

综上所述，围填海造地对海洋环境质量的影响可以通过监测海域水质的水质标准来观测，以评价围填海造地对以上各方面的影响程度。

3.2.3　对生物质量的影响

围填海造地严重损害了其栖息生物的生态环境，首先是作为初级生产者的植物被破坏，从而导致水禽、两栖类和爬行动物以及鱼类的栖息、捕食地和繁殖场所的改变或丧失，进而导致生物种群数量减少甚至濒临灭绝，尤其在河口相当一段空间潮汐消失，河口至河道海水到淡水不再有梯度变化，海洋植物和海洋动物生存环境受到严重影响。生存环境的改变，必然会导致海洋生物自身质量的变化。

(1)对鱼类活动影响。

鱼类和其他水生生物较易适应海水环境的缓慢变化，但对环境的急剧变化敏感。围填海造地将使产卵场规模缩小、产卵量降低。水下清障使水下底质有较大的改变，进而使该区域鱼类的生存、生活空间等变小；船舶进出产生的波浪会对产卵场的水文条件产生不利影响，使产卵场岸边浅水区由于水位有较大幅度的频繁涨落而不再适合产卵；工程建设与营运会对工程附近的鱼类产生胁迫效应，迫使该区域的部分鱼类不在此繁殖。

围填海造地项目疏浚挖掘作业使作业区和附近的海域海水中悬浮物量增加，使海水的浑浊度发生变化。水体中过高的和细小的悬浮物颗粒会粘附于鱼卵表面，妨碍鱼卵的呼吸，不利于鱼卵的成活、孵化，从而影响鱼类繁殖。海水中悬浮颗粒物的含量过高还将减缓鱼类的繁殖速率，某些鱼类的临界值为 75～100 mg/L，超过临界值时繁殖速率将大大降低。同时，海水中悬浮颗粒的增加阻碍了光的透射，减弱了真光层厚度，影响光合作用，因而使水域的浮游植物量减少、初级生产力下降，而以浮游植物为饵料的浮游动物生物量也随之下降，而以捕食浮游动物为生的鱼类由于饵料减少，其丰度也会随之下降，掠食鱼类的大型鱼类又因上一级生产者资源下降而寻觅不到食物。

(2)对底栖动物的影响。

海洋工程对底栖生物的影响主要是通过改变物理因子，如水动力、底质粒径、悬浮浓度等，同时，也会通过改变水质和底质沉积物的质量来对有特殊生境需求的底栖生物产生影响，破坏正常的底栖生态过程，包括碳固定、营养物质循环、碎屑分解作用和营养物质重新回到水层等生态作用。沉积物颗粒大小可能会影响沉积物食性动物的取食，而水动力和水体中的其他物理过程将会影响到以悬浮物为食的动物，最终导致底栖生物群落的变化。

水下炸礁等活动对底栖动物的栖息地和索饵场会造成不同程度的破坏。大型海洋工程对生态系统的影响，除了工程本身会增加水体中的悬浮物，影响水体生物的生存环境外，工程以外的船只和流动人员的增加，对水体水质也会造成一定程度的影响，进而会导致底栖动物的生存环境发生改变。

(3)对浮游生物的影响。

浮游植物是水生态系统的组分之一，是水体初级生产者，其群落结构与数量对水体生态系统的演替和发展影响较大。一般认为，当水流速小于 0.2 m/s 时，因水体的交换作用减弱，会使大量浮游植物生长。水体温度、盐度、透明度以及光照等物理化学因素都会影响浮游植物的生长繁殖和分布。围填海造地工程会影响该区域的水文条件、水质等物理化学环境，而营运过程中水环境会受到污染，水流速度会受影响，从而影响该区域浮游植物的种群数量和种类。浮游动物与浮游植物的分布规律相似。从食物链的角度来说，一般浮游动物主要靠浮游植物为生。浮游植物数量和种类的变化必然会引起浮游动物的变化。同时，海洋工程带来的陆源污染物，排放的养殖废水、工业废水等，港码头航运无意间带入的入侵物种等，也会导致港区浮游动物的数量和种类变化。

(4)对生物多样性的影响。

滨海湿地、河口、海湾、海岸等都是重要的生态系统，也是填海活跃的地区，大规模的填海会造成天然滨海湿地削减，使许多重要的经济鱼、虾、蟹、贝类生息、繁衍场所消失，许多珍稀濒危野生动植物绝迹，同时作为鸟类栖息地的功能也被削弱，海岸生物多样性迅速下降。

① 对珍稀濒危的影响分析。根据今年的观测资料，在珠江口出现的珍稀濒危水生生物包括中华白海豚、中华鳃、黄唇鱼、江豚和鲤鱼。其中中华白海豚和江豚属哺乳动物，成体会回避工程施工，且该海域水深较浅，不属于这两种生物的活动场所，但规划港区建设会对其漂浮的鱼卵生长发育产生一定的影响；中华白海豚摄食对象是咸淡水鱼类，如珠江口常见的棘头梅童鱼、凤鳞、斑鰓、银绍、白姑鱼、龙头鱼等鱼类，但由于工程建设，使这些饵料性鱼类减少，从食物来源上直接影响到中华白海豚的生存，中华鳃则可能是工程建设影响了其对洄游信号的识别，导致其不能准确找到洄游路线而造成数量的减少。

②红树林、珊瑚礁、保护区等典型生态系统减少，甚至消失。红树林素有"海上森林"之称，它是热带、亚热带沿海潮间带特有的木本植物群落，其生态系统具有沉泥积淤、加速成陆过程、净化海化、预防赤潮、清新空气、绿化环境等多种功能，还可为鱼类、无脊椎动物和鸟类提供栖息、摄食和繁育场所，因而又是最富生物多样性的区域。近 40 年来，我国红树林面积由 4.83 万公顷锐减到1.51 万公顷，大部分是被围填海造陆给毁掉的，红树林资源锐减换来的是海滨生态环境的恶化、海岸国土侵蚀日益严重、台风暴潮损失加剧、近海珍珠养殖业整体衰败、滩涂养虾暴病、林区和近海渔业资源减少，等等。据统计，自 1988 年以来深圳城市建设就有 8 项工程

占用福田红树林鸟类保护区红线范围内土地面积达 147 hm^2(2 200亩),占原整个保护区面积的 48.8%,共毁掉茂密红树林 35 hm^2(526 亩),占原红树面积的 31.6%;据不完全统计,广西近几年已砍伐和已列入填海造地规划的(已批准)即将砍伐的红树林将达近 1 000 hm^2;海南省文昌市铺前镇约 6 km 长的沿海岸线上,67 多公顷(1 000 多亩)的红树林区已全面挖塘养殖,近半数的红树林遭受严重破坏。

3.2.4 对海洋水动力条件的影响

围填海造地使海洋水动条件发生了改变。海洋水动力条件包括潮位特征、纳潮量、流场、流速和流向、水交换量、物理自净能力等方面。通常情况下,纳潮量是指平均潮差条件下海湾可能接纳的海水量,是反映湾内水体与外海水交换的一个重要参数。纳潮量和潮汐周期水体交换量的减少将直接影响到海水水位、流速、海湾污染物的迁移扩散等。围填海造地会直接改变区域的潮流运动特性,可导致潮差变小、潮汐冲刷能力降低、港湾内纳潮减少、海水自净能力明显减弱,造成区域内海水水质日益恶化,加大了赤潮发生的频率和强度。

海域水动力条件对近海环境质量的影响比较大,而海域水动力状况与海域岸形岸线的变化又是密切相关的。不同深度水域面积的变化和岸线长度是反映岸线变化的基础指标。围填海造地对岸形变化有必然影响,从而造成水动力环境的改变。

3.2.5 对海洋冲淤条件的影响

围填海造地改变了附近滩涂和海域的冲淤特性。新海堤的建筑影响了附近的水动力和泥沙条件,破坏了原先稳定的潮滩剖面。在堤线定的较高时,堤有可能加速淤积,如"九五"期间新围的东川垦区、笆斗垦区外侧滩面年淤涨速度达到 200 m/a 以上,远超围填海前的正常淤涨速度;但在堤线定的过低时,外堤前有可能强烈侵蚀,如 2004 年完成的吕四大唐电厂填海造地,由于突出于小庙洪水道口，外堤前滩面一两年内刷深10多米，而两侧堤根部外侧则发生明显淤积。

围填海造地使得岸线、海底形态发生改变，岸线资源缩减，自然岸线经截弯取直后长度大幅度减少，人工岸线增加；部分围填海填海海岸工程破坏了海岸的地形地貌，改变了海域的自然属性，影响了自然条件下的潮流场与泥沙运移规律，潮流流场、流向、流速等变化使水流强度和冲积能力下降，可能会在局部造成持续的侵蚀或淤积，破坏海岸与海底的自然平衡状态；由于围填海造地多发生在沿海港湾内，很容易造成港湾内泥沙淤积，使航道变窄、变浅，严重影响船只航行；江河入海口处的围填海造地还会阻塞部分入海河道，影响排洪，衍生洪灾。据初步统计，我国的海岸线已经比中华人民共和国成立初期缩短了1 500 km以上，海湾减少百余个。厦门西海域自20世纪连续进行了杏林湾、马銮湾、员当港等围垦工程和海堤工程建设后，西海域面积减少一半以上，而且出现了明显的淤积趋势；罗源湾因松山围垦、福宁湾因半屿围垦都淤积问题有所表现。对于有航运价值的港湾来说，围填海造地带来的淤积问题无疑是致命的影响。

3.2.6　围填海造地生态环境效益的实证分析：以南海区广东省为例

1. 广东省不同阶段围填海造地的生态环境效益

在不同的历史时期，围填海造地都有不同的历史使命，对于生态环境影响的情况也各不相同。在南海区，广东省1998年开展了全省围垦普查，有20世纪50年代到目前比较详细的资料，下面主要以广东省的围填海情况分析围填海造地对生态环境的影响。纵观广东省围填海历史发展的各个阶段，围填海经历了由围垦用于农业、渔业、水产养殖，逐渐向港口、临港工业发展的趋势。据统计资料，1978～2007年，广东省共有围填海造地项目65个，围填海造地面积3 384.77 hm^2。其中2002年之前围填海造地1 030.55 hm^2，2002～2007年围填海造地2 354.22 hm^2。

(1)1950～1978 年。

改革开放以前,计划经济是当时的主要经济特征。国家提出"以粮为纲",在陆域耕地不足、海域尚未开发的情况下,为了解决粮食问题,围填海造田成为当时的必然选择。当时围垦在广东全省都很普遍,主要用于种植业,开垦耕地用以种植粮食作物、甘蔗和花生等经济作物,粤东地区的澄饶联围、珠江口的万顷沙、粤西地区雷州半岛沿岸都是非常典型的例子。应该说,在粮食短缺年代,用于农业生产的围垦是解决粮食问题的重要途径,所产生的经济社会效益十分巨大,而且在当时围垦工程虽然对环境造成了局部影响,但总体上海洋环境生态仍能维持较好水平。

(2)1978～1990 年。

改革开放前期,沿海城市尚有较多土地资源可供开发,城市空间能够满足人民生活生产的需要,粮食供应较为充足,海域的开发主要以海洋渔业为主,由于海水养殖业效益较好,沿海渔民都逐渐投入海水养殖业的生产中,养殖比例也越来越大。该时期的围填海活动仍以围填海为主,主要集中在滩涂发育发达的地区,但已不再是造田,而是围填海发展海水养殖,过去围垦的滩涂也出现了退田发展海水养殖的现象。

围填海发展养殖水产,确实也给当地渔民带来了很好的经济收益,对于河口区,围填海还有一个很重要的意义就是滩涂自然淤积实施的适时围垦,有利于河口的防洪纳潮。但是大规模围垦工程对海洋生态环境造成的影响也初步体现,养殖自身污染对海洋环境产生破坏,加上高强度和高密度的海洋捕捞使全省渔业资源数量和质量开始下降,海洋环境生态已见恶化的趋势。

(3)1990～2001 年。

从 20 世纪 90 年代起,伴随着国家改革开放的发展方针,广东省改革开放成效显著,步入了经济高速增长时期,围填海造地项目主要以港口码头、电厂、海上交通为主。该时期是《海域使用管理法》实施以前的经济发展高峰期,海洋对于沿海城市而言,不再是自然景观和渔业生产空间,更多的是一种可开发的资源宝库,海洋产业快速发展。但同时，因机构设置原因，海域使用管理较为混乱。

从生态环境的角度来看，围填海工程已不再是在滩涂淤积的情况下适时围垦，而是以破坏原有海洋生态环境为代价来围填海养殖、填海造地，同时也因管理未到位，围填海工程动工前不需要经过任何论证，工程过程中不注意对海洋生态环境的影响，工程后无修复海洋生态环境的措施及办法，再加上海洋捕捞过度、大量陆源污染物未达标排放入海等因素，致使渔业资源萎缩，海洋生态环境持续恶化。

(4)2001 年至今。

《海域使用管理法》自 2002 年 1 月 1 日起施行，海域使用管理进入了新的阶段。随着改革开放的深入发展，各级政府都增强了海洋意识，既看到了海洋在外向型社会经济中的巨大作用，也看到了海洋生态环境保护的重要性。但围填海活动存在陆源污染物的排放未能有效控制，养殖污染、捕捞过度等海洋渔业开发破坏了海洋生态环境，大面积无序无度的围填海工程破坏了海洋生境等历史问题。随着海域管理的逐渐到位，围填海工程对海洋生态环境的影响正逐步得到控制，但目前围填海工程环保技术不够先进，工程不可避免地要破坏海洋生态环境，加重了海洋生态环境的负担。

2. 广东省的典型代表——深圳市围填海造地的生态效益评价

围填海造地在促进经济高速发展的同时，对海洋生态环境的污染和破坏是目前最难以调和的矛盾，其对海域资源可持续发展的危害是不以人们的意志为转移的。围填海造成的生态破坏综合影响显效是漫长的，而要在一定程度上修复生态环境付出的代价是高昂的。以深圳市 2008 年海洋环境质量监测为例，可以发现：

(1)围填海造地对重点海洋功能区环境质量的影响。

分别从围填海造地对海水增养殖区、风景与度假旅游区、海洋保护区、港口航道区和人工鱼礁区环境质量五个方面来评价。其中监测指标包括 pH、溶解氧、无机氮、活性磷酸盐、石油类、粪大肠菌群、总磷、总氮等 18 项指标。

① 对海水增养殖区环境质量的影响。2008 年深圳市海洋局对东山和南澳 2 个重点海水增养殖区的环境状况进行了 9 个月的连续监测,监测结果表明,3～11 月东山和南澳 2 个海水增养殖区的溶解氧、无机氮和活性磷酸盐全部符合国家二类海水水质标准。

粪大肠菌群(表 3-2)在东山 4、5、8 月份出现超标,最大超标倍数为 7.6 倍;在南澳 5 月份出现超标,超标倍数为 1.7 倍,表明东山和南澳海水增养殖区受生活污染水影响较大。因此对海水增养殖区环境质量的评价指数定为 $C_1=5$。

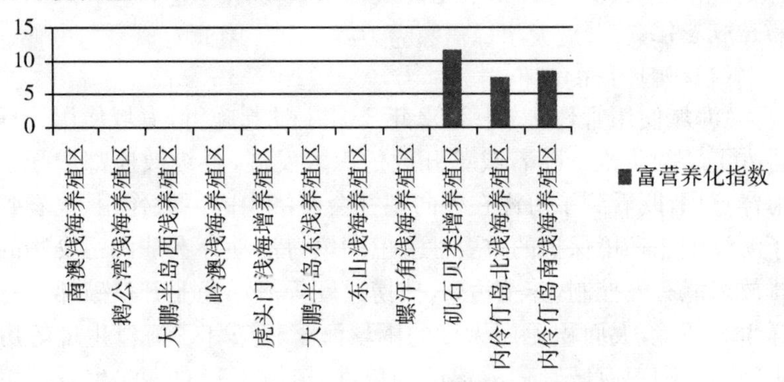

图 3-1　2008 年深圳市各海水增养殖区富营养化指数

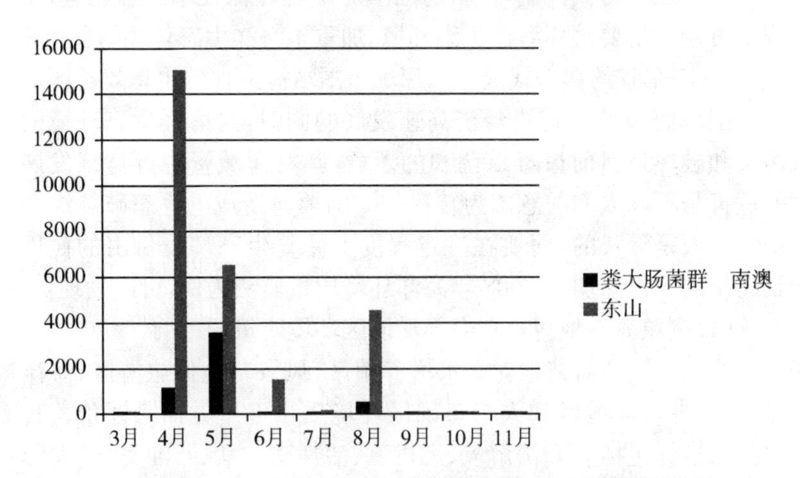

图 3-2　2008 年深圳市重点海水增养殖区粪大肠菌群月均变化

② 对风景与度假旅游区环境质量的影响。2008 年对全市 15 个风景与度假旅游区进行了环境质量监测,监测面积近 1900 hm^2,监测数据表明,东部 11 个风景与度假旅游区水质环境质量良好,海洋环境质量基本符合功能区要求,西部 4 个风景与度假旅游区环境质量较差,海洋环境劣于功能区要求。在 15 个风景与度假旅游区中,有 11 个风景与度假旅游区的水质符合国家三类水质标准,功能区达标率达 73.3%。无机氮和活性磷酸盐是风景与度假旅游区的主要污染物,其中无机氮有 4 个功能区超标(图 3-3),超标率达 26.67%,最大超标倍数为 10.35 倍。因此对风景与度假区旅游区环境质量的评价指数定为:

$$C_2 = 5 \times 73.3\% \approx 3.7$$

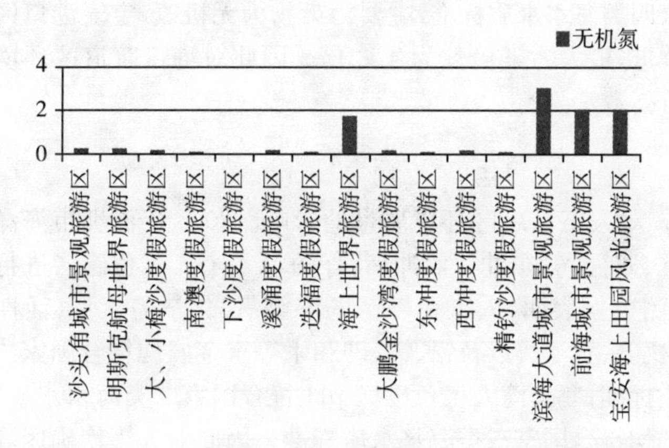

图 3-3　2008 年深圳市各风景度假旅游区无机氮含量分布图

③ 对海洋保护区环境质量的影响。2008 年对深圳市所辖海域的珠江口中华白海豚、大亚湾水产资源、大鹏湾蓝圆鲹和沙丁渔鱼幼鱼、伶仃洋经济鱼类繁育场、福田红树林区和内伶仃猕猴等 6 个自然保护区或保护区进行了监测,监测结果表明只有大鹏湾蓝圆鲹和沙丁渔鱼幼鱼保护区符合国家二类海水水质标准,大亚湾水产资源自然保护区符合国家三类海水水质标准,珠江口的中华白海豚自然保护区、伶仃洋经济鱼类繁育场保护区和内伶仃猕猴

自然保护区都超过国家四类海水水质标准；功能区主要污染物为无机氮、活性磷酸盐、化学需氧量和石油类。因此对海洋保护区环境质量的评价指数定为

$$C_3=\frac{2}{6}\times6+\frac{1}{6}\times3+\frac{3}{6}\times0.5=2.75$$

④ 对港口航道区环境质量的影响。2008 年对深圳市港口、航道区水质进行了监测，监测数据表明，11 个港口区中有 5 个港口区符合港口区水质管理要求，全部为东部海域港口区，港口功能区达标率为 45.4%，其中盐田港区、下洞港区、沙鱼涌港区和大亚湾核电站及码头航道港区水质符合国家二类海水水质标准，秤头角港区水质符合国家三类海水水质标准；西部 6 个港口区水质全部超过国家四类海水水质标准，主要污染物为无机氮，宝安港口区污染最为严重，最大污染倍数为 4.3 倍。因此对港口航道区环境质量的评价指数定为

$$C_4=\frac{5}{12}\times6+\frac{1}{12}\times4+\frac{6}{12}\times0.5\approx3.08$$

⑤ 对人工渔礁区环境质量的影响。2008 年深圳市海洋局对杨梅坑、鹅公湾、东冲—西冲、背仔角等 4 个人工鱼礁区进行了监测，监测数据表明，人工鱼礁区的溶解氧、化学需氧量、活性磷酸盐、无机氮、石油类以及铅、镉、砷和汞等重金属均符合国家二类海水水质标准；鹅公湾人工鱼礁区 pH 符合国家二类海水水质标准，其余的均符合国家三类海水水质标准。因此对人工渔礁区环境质量的评价指数定为

$$C_5=\frac{1}{4}\times6+\frac{3}{4}\times4=4.5$$

(2)围填海造地对海洋环境质量的影响。

分别从无机氮、活性磷酸盐和 COD 三个方面来评价。

① 无机氮。深圳海域无机氮含量介于 0.049～3.23 mg/L 之间，均值为 0.96 mg/L，超过国家四类海水水质标准 1.93 倍，最大值出现在深圳湾后海海域，最小值出现在下沙附近海域；在所有监测站位中，有 40.5%的监测站位超过国家四类海水水质标准，为严

重污染海域，有16.2%的监测站位符合国家二类海水水质标准，有43.3%的监测站位符合国家一类海水水质标准；无机氮严重污染分布主要集中在珠江口和深圳湾。与2007年相比，无机氮污染依然突出，深圳湾和珠江口的污染状况没有多大改观(图3-4)。无机氮的评价指数为40.5%×0.5+16.2%×6+43.3%×8≈4.63。

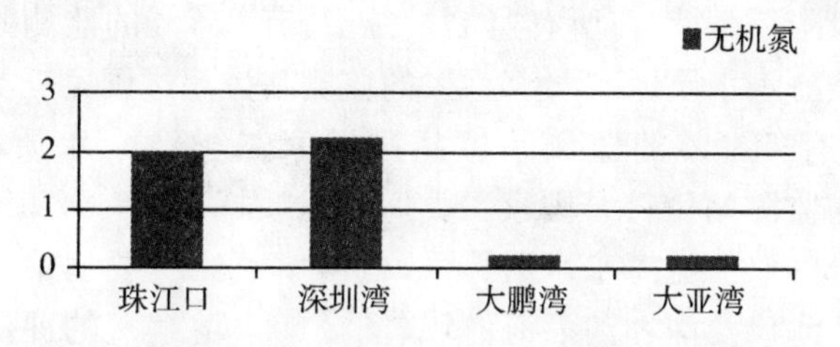

图3-4　2008年深圳市重点海湾无机氮平均含量分布图

② 活性磷酸盐。深圳市海域活性磷酸盐含量介于0.001 7～0.132 1 mg/L之间，均值为0.016 5 mg/L，符合国家二类海水水质标准，最大值出现在深圳湾后海海域，最小值出现在坝光附近海域；在所有监测站位中，有5.4%的监测站位超过国家四类海水水质标准，为严重污染海域，有2.7%的监测站位超过国家三类海水水质标准，为中度污染海域，有24.3%的监测站位符合国家二类海水水质标准，67.6%的监测站位符合国家一类海水水质标准；活性磷酸盐严重与中度污染主要集中在深圳湾后海海域(图3-5)。与2007年相比，海域受活性磷酸盐严重污染的比例大幅下降，大鹏湾、大亚湾和珠江口的活性磷酸盐连续三年保持清洁或较清洁状

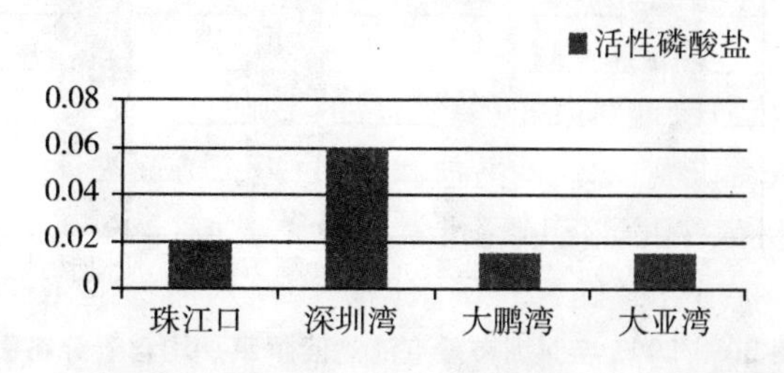

图3-5　2008年深圳市重点海湾活性磷酸盐平均含量分布图

态。活性磷酸盐的评价指数为5.4%×0.5+2.7%×2+24.3%×6+67.6%×8≈7。

③ 溶解氧(COD)。深圳市海域海水中溶解氧含量介于0.52～8.58 mg/L之间,均值为6.06 mg/L,符合国家一类海水水质标准,最大值出现在大鹏湾梅沙附近海域,最小值出现在珠江口东宝河入海口附近海域;在所有监测站位中,有2.7%的监测站位超过国家四类海水水质标准,有5.4%的监测站位超过国家三类海水水质标准,有5.4%的监测站位超过国家二类海水水质标准,有21.6%的监测站位符合国家二类海水水质标准,有64.9%的监测站位符合国家一类海水水质标准;低溶解氧区主要集中在珠江口东宝河入海口及深圳湾后海海域(图3-6)。溶解氧的评价指数为2.7%×0.5+5.4%×4+21.6%×6+64.9%×8≈6.7。

由此得到$C_6=\frac{1}{3}\times(4.63+7+6.7)=6.11$。

(3)围填海造地对生物质量的影响。

全年近岸海域共发生赤潮7起,其中深圳湾1起、大鹏湾4起、大亚湾2起,均为无毒赤潮;赤潮发生区域累计面积28.1 km^2,主要赤潮物种为夜光藻,由于发现及时、采取措施到位,2008年赤潮灾害未对深圳市海洋渔业生产活动造成重大经济损失。

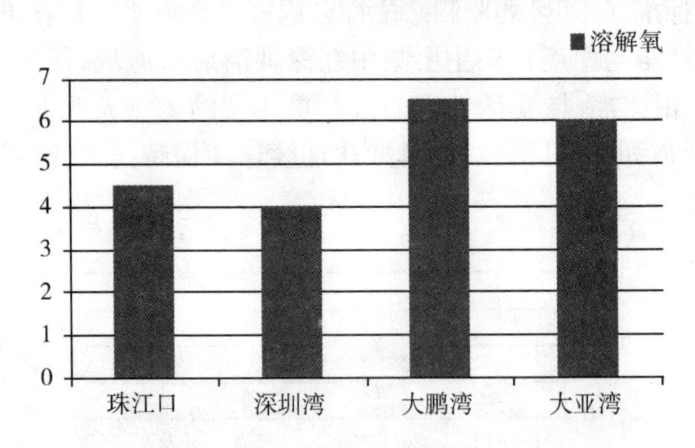

图3-6 2008年深圳市重点海湾溶解氧平均含量分布图

2008年深圳市海洋局对深圳市近岸海域贻贝的铅、汞、镉、锌、砷、石油类、六六六、滴滴涕、多氯联苯等多个监测指标进行了监测，监测结果表明，深圳市海域海洋生物质量整体状况良好，铅、锌、六六六、多氯联苯、石油类、汞、滴滴涕含量符合一类海洋生物质量标准。

大鹏湾海域中所监测的栉孔扇贝中，铅、汞、镉、锌、砷、石油类、六六六、滴滴涕、多氯联苯等指标均符合国家一类海洋生物质量标准，海洋生物质量良好。与2007年相比，镉、汞、砷含量呈下降趋势。

大亚湾海域中所监测的翡翠贻贝中，铅、汞、锌、砷、石油类、六六六、滴滴涕、多氯联苯等指标均符合国家一类海洋生物质量标准，镉含量符合国家二类生物质量标准，海洋生物质量状况基本良好。与2007年相比，镉的污染程度有所加重，铅、砷含量呈下降趋势。

因此围填海造地对生物质量的评价指数 C_7 定为8。

其中根据《海洋生物质量》(GB 18421-2001)规定，海洋生物质量按照海域的使用功能和环境保护的目标划分为三类：

第一类：适应于海洋渔业水域、海水养殖区、海洋自然保护区、与人类食用直接有关的工业用水区。

第二类：适应于工业用水区、滨海风景旅游区。

第三类：适应于港口水域和海洋开发作业区。

综上所述，根据加权平均可以得到深圳市生态效益综合评价指数为

$$E_n=\frac{1}{7}\times(C_1+C_2+C_3+C_4+C_5+C_6+C_7)$$

$$=\frac{1}{7}\times(5+3.7+2.75+3.08+4.5+6.11+8)\approx 4.73$$

由此可知深圳市生态环境效益综合评价为轻度污染，符合国家海水水质标准中三类海水水质的海域。为方便对生态、经济和社会效益的综合评价，这部分的综合指数换算为百分制是47.3。

3.3 围填海造地的经济效益

围填海造地有明显的经济效益,它推动了沿海经济的发展:为多个国民经济部门提供了宝贵的土地资源,形成了大规模的粮棉生产基地、海淡水养殖基地,而且为临海工业、港口开发、城镇建设和旅游开发等方面的发展提供了重要条件。

3.3.1 经济价值益损

(1)围填海造地推动了沿海经济的发展。

围填海造地增加了城市的土地资源,拓展了城市发展空间,在缓解土地供需矛盾的同时促进了经济社会的可持续发展。围填海工程为城市和工业、农业耕地和水产养殖提供了宝贵的土地资源,特别使得城市、工业和港口用地产生了极其可观的经济效益。围填海造地项目的收益主要就是围填海造地所产生的国民经济增长或衰退情况,主要体现在增加土地总供给、增加资本积累、提高国家总产出和吸引国外投资等方面,这些方面构成了围填海造地的经济价值和收益。

(2)围填海造地建设与维护过程中产生高昂成本。

围填海造地项目一般都是巨大的工程,需要经过严格的论证、审查以及认真详细的规划,因此在工程建设和维护过程中会产生各种成本。围填海造地的成本一般包括新建工程投资成本费,环境治理设施运行、维护费,环境功能丧失前的海域所用权收益金等,而成本的高低是决定围填海工程是否合理和有效的重要影响因素。

(3)围填海造地的效益取决于收益与成本比。

任何一项工程的建设与实施都要考虑成本和收益的比重,只有收益大于成本,或者虽然短期亏损但具有长期盈利性的工程才值得投资。围填海造地关系到城市和人民的整体发展利益,因此在建设的过程中一定要严格控制成本，最大规模地争取利益，使得收益大于成本。益本比越大，说明围填海造地工程的经济效益越高，这也是围填海造地工程的出发点和落脚点。

3.3.2　对农业的影响

(1)围填海造地工程一般都提高了农业生产率。

中华人民共和国成立以来，我国政府十分重视海域滩涂资源的围垦开发事业。例如，辽河口的盘锦国营农场垦区，从20世纪50年代开始围垦河口平原或咸淡水交替的大面积芦苇地，利用辽河水系丰富的淡水资源条件，洗盐改土发展水稻生产，建成了我国沿海最大的国营农场垦区和优质大米基地；江苏省在20世纪中期兴起的围填海农场建设热潮中大规模造地，成为国家商品粮基地，目前已形成了无公害农业生产基地。

围填海造地在一定程度上缓解了沿海地区耕地锐减所产生的用地矛盾，对耕地动态平衡具有不可忽视的作用。同时，围填海工程一般都提高了农业集约化生产的条件，提高了农业生产率。围填海造地后，利用围垦滩涂可以建立一大批农场垦区、海水增养殖区等。通过适度围垦，可以将原有的养殖用地转换成新的耕地，同时将养殖业改粗养为精养，不仅可以扩大养殖规模，而且单位面积水产品产量也能增强。江苏历年来的围填海造地提供了约14万公顷的农林渔用地，其中耕地近6万公顷，而且随着新围填海造地的增加还不断有养殖用地转换成新的耕地，对全省耕地“占补平衡”不断作出贡献。浙江省截至2005年，在围成的19.53万公顷滩涂(包括江涂)面积中，已开发利用15.8万公顷，占围成面积的81%，其中耕地面积5.07万公顷，占已开发利用的32.1%；园地面积1.4万公顷，占14.8%；养殖面积4.53万公顷，占28.7%。另外，一大批国家、省重点基本建设项目也落户于围垦区。

(2)围填海造地与农业和养殖业之间也存在着矛盾。

围填海造地产生的围垦滩涂可以建立新的农场垦区，但是将原来的养殖用地转换成的耕地，与真正的耕地相比，地质、土壤和气候都不相同,农作物适用性可能存在差异,土地的作物生产率也会有所下降。围垦后的滩涂都是盐碱地,如改造成耕地,需要大量的淡水经过多年冲洗才可用于种植,但沿海地区大多缺乏淡水,没有多余的淡水用于冲洗盐碱地,因此绝大多数滩涂在围垦后无法解决土地盐碱化的问题。另外,粮食种植的经济效益低下,也使围填海造田难成现实,而且耕地占用养殖用地,也造成了养殖业的减产,这是一种双重的损失。

在海水增养殖业方面,围填海造地占用养殖业发展空间;改变水动力条件,对养殖环境造成负面影响;围填海造地工程,特别是港口建设和工业区建设实施后,因废弃物的排放,影响养殖业的水环境和底质环境,这些都造成了养殖产品的产量和质量下降,造成了重大损失。

3.3.3 对盐业的影响

按围垦土地可开发利用的基本条件及国民经济各部门对滩涂资源需求的先后顺序,海盐业是最先开发利用滩涂资源的部门,筑堤围滩用于盐业生产最简便,收效也最快。进入20世纪80年代,沿海掀起了以对虾为主的海水养殖热潮,长期闲置的低洼地、水面和部分低产盐田,迅速被改造成对虾等海水养殖基地。这些养殖品,既为国家换回了外汇收入,又丰富了国内市场,使海涂围垦区的土地真正做到了综合利用,农、渔部门之间的矛盾也得到缓解,种植业内部用地结构也得到合理调整。

同时,围填海造地也突出了与盐业生产之间的矛盾。围垦后或盐场被占用,或海水盐度因垦区淡水排放而下降,对盐场保护构成影响。围填海造地限制和挤占了盐业发展空间;围填海造地工程,特别是港口建设和工业区建设实施后,因废弃物的排放,将造成附近海域水质标准下降,影响盐业的取水环境。

3.3.4 对运输业的影响

(1)围填海造地扩大了港口规模。

在自然深水岸线日渐紧缺、海运需求不断扩大的背景下，围填海造地逐渐成为扩大港口规模的重要途径。1978～2007 年，河北省通过围填海造地，累计新增港口用地空间 2 582.94 hm^2，新增生产性泊位 45 个，新增通过能力 17 568 万吨。其中，秦皇岛港新增生产性泊位 27 个，新增年吞吐能力 10 353 万吨；唐山港京唐港区新增生产性泊位 5 个，新增年吞吐能力 500 万吨；黄骅港新增生产性泊位 13 个，新增年吞吐能力 6 715 万吨。

(2)围填海造地在一定程度上影响了航运情况。

自然岸线经截弯取直后长度大幅度减少，人工岸线增加；部分围填海填海海岸工程破坏了海岸的地形地貌，改变了海域的自然属性，影响了自然条件下的潮流场与泥沙运移规律，可能会在局部造成持续的侵蚀或淤积。另外，由于围填海造地多发生在沿海港湾内，很容易造成港湾内泥沙淤积，使航道变窄、变浅，严重影响船只航行，威胁航运功能，造成航海运力下降或绕道增加运费等，对区域港口和航运造成影响。

3.3.5　对旅游业的影响

(1)围填海造地促进了海滨旅游及相关产业的发展。

旅游业是海洋海滨产业的重要组成部分，海岸的自然景观吸引了大量游客，促进了与旅游业相关的交通、酒店、文化等服务业的发展。在围填海造地之后，会产生新的海滨景观，有自然原因形成的，也有配合城市海湾发展形象打造的人工景观，而新鲜的人造景观会在一定程度上吸引一部分游客的旅游和消费。

(2)围填海造地对旅游资源品质造成负面影响。

围填海造地引发的岸滩冲淤变化，会使旅游岸线资源日趋短缺，对旅游海滩资源品质造成负面影响：①围填海造地破坏了沿海景观，特别是港口围填海造地工程建设和工业区建设实施后废弃物的排放，造成附近海域水质标准下降，影响滨海旅游环境；②围填海造地施工中海区附近的山体因采石挖土而容易造成水土流失，水流携带的泥浆顺坡而下覆盖近岸沙滩，破坏沙滩的美感，破碎的山体也会影响附近旅游区可能彼及的视域景观;③围填海造地破坏了一些文化遗产,有些沿海的填海造地工程使许多沿海古迹、文化遗产和风景景观毁于一旦。

3.3.6 围填海造地经济效益的实证分析:以北海区河北省为例

1978～2007 年,河北省共有围填海造地项目 78 个,涉及项目单位 32 个,围填海造地面积 3 348.85 hm^2。其中,秦皇岛市 864.29 hm^2,占全省围填海造地总面积的 25.81%;唐山市 1 086.81 hm^2,占 32.45%;沧州市 1 397.75 hm^2,占 41.74%。1978～2001 年围填海造地 2 117.79 hm^2,2002～2007 年围填海造地 1 231.66 hm^2。

1. 河北省围填海造地的经济利用方向

河北省围填海造地的利用主要分布在养殖产品、海盐、交通运输、旅游娱乐、工矿、渔业设施等方面。河北省用海面积和用海类型分布见表 3-6 和图 3-7。

目前,河北省海洋产业现阶段处于结构转型的重要时期,以重化工业为代表的临港工业的迅速成长和以海洋运输、滨海旅游为代表的第三产业的较快发展,成为河北省海洋经济结构变化的基本特征。

表 3-6 河北省用海面积统计表

用海类型	填海面积(hm^2)	百分比(%)	2002 年之前(hm^2)	2002 年之后(hm^2)
港口用海	2 582.94	77.13	1 491.22	1 091.717
临海工业用海	317.17	9.47	275.13	42.04
旅游基础设施用海	90.99	2.72	19.89	71.1
污水排放用海	330.95	9.88	330.95	
渔业基础设施用海	26.8	0.8		26.8
合计	3 348.85	100	2 117.19	1 231.657

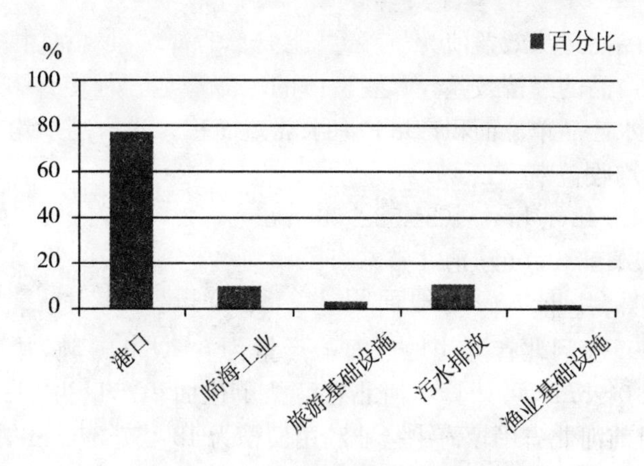

图 3-7　河北省用海类型分布图

2. 河北省围填海造地的经济效益

河北省通过围填海获得了巨大的经济效益。通过围填海扩大了海水养殖和盐业生产的空间，提高了养殖产品和海盐的产量；通过填海增加了交通运输、工业和旅游设施用地，暂时缓解了用地矛盾，促进了沿海地区社会经济的稳定快速增长。河北省围填海产生的经济效益，主要包括养殖产品、海盐、交通运输、旅游娱乐、工矿、渔业设施等方面。其中，由于养殖产品和海盐作为经济产品在市场中流通，具有市场价格，其价值量均可以通过市场估价法进行估算，这种方法可以直接反映在国家收益帐户上，是目前人们普遍概念上的生物资源价值；交通运输、工矿和渔业设施的经济效益可通过其实现的年利润进行估算。本文以河北省 2005 年各种经济数据为例，分析围填海造地对河北省产生的经济效益。

(1)海水养殖业。

2005 年河北省海水池塘养殖水产品产量共计 108.74 万吨，养殖池塘总面积为 70 237.40 hm^2，由此可推算出河北省养殖产品单位面积产量为 15.48 t/hm^2，目前河北省围填海中海水养殖利用面积为 21 582.66 hm^2，水产品平均市场价格为 12.5 元/kg，平均收益率为 19.6%。根据以上数据，可计算出河北省通过围填海实现

养殖产品的经济效益值为

水产品的经济效益

=水产品单位面积产量×海水养殖面积×水产品平均市场价格×平均收益率

=15.48(t/hm^2)×21 582.66(hm^2)×12.5(元/kg)×19.6%

=81 854.40(万元)

(2)海盐业。

2005年河北省滨海地区海盐产量为597.20万吨,盐田面积28 105.00 hm^2,可计算出河北省海盐单位面积产量为212.49 t/hm^2,目前河北省围填海中盐业利用面积为18 467.37 hm^2,海盐市场价格为0.31元/kg,平均收益率为29.08%。因此,河北省通过围填海实现海盐的经济效益值为

海盐的经济效益

=海盐单位面积产量×盐业利用面积×海盐市场价格×平均收益率

=212.49(t/hm^2)×18 467.37(hm^2)×0.31(元/kg)×29.08%=35 375.26(万元)

(3)交通运输业。

根据《2006年中国海洋统计年鉴》,2005年河北省沿海交通运输业货物吞吐量27 028.00万吨,实现总产值237.40亿元,可得出单位吞吐量可实现产值88万元/万吨。1956~2005年河北省通过填海开发累计新增港口用地2 323.3 hm^2,新增货物吞吐量14 861万吨,港口平均利润率为12.58%,由此,可计算出河北省通过围填海实现交通运输的经济效益值为:

交通运输的经济效益

=货物单位吞吐量实现产值×新增货物吞吐量×港口平均利润率

=88(万元/万吨)×14 861(万吨)×12.58%

=164 517.21(万元)

(4)旅游娱乐业。

对旅游娱乐业的经济效益估算可以采用旅行费用法，由于其涉及因素较多，难于统计，并且准确率也较低，因此采用相关部门统计的旅游收入代替旅行费用。河北省经围填海修建的旅游娱乐项目主要有秦皇岛水上运动中心码头、秦皇岛仙螺岛、山海关欢乐公园和乐亭三岛旅游码头。因此，河北省经围填海创造旅游娱乐的经济效益值即为2005年这些旅游景点收入之和2 590.00万元。

(5)工矿业。

工矿业的经济效益主要是由山海关船厂贡献的，因此工矿业的经济效益值即为山海关船厂2005年实现的总利润值18 000.00万元。

河北省围填海造地的经济效益评价统计见表3-7。

表3-7　河北省围填海造地经济效益评价统计表　　单位：万元

效益类型		效益值
经济效益	养殖产品	81 854.40
	海盐产品	35 375.26
	交通运输	164 517.21
	旅游娱乐	2 590.00
	工矿	18 000.00
	合计	302 336.87

河北省当年的国内生产总值为10 096.11亿元，以围填海范围内各产业经济效益占河北省GDP的比重为标准，可以说明各产业对经济的促进作用。由表3-8可以看出，在河北省围填海造地产生的经济效益中，交通运输、养殖产品和海盐产品分别排在前三位，对经济的影响相比较大，而工矿业和旅游娱乐业的影响较小，尤其是旅游娱乐业的影响只占很小一部分。因此，对河北省来说，交通运输业是围填海造地最具有经济价值的行业，且围填海造地产生的经济效益总产值对GDP的贡献率为30%，按百分制指数计数单位换算可知，经济效益综合指数为30。

表 3-8 河北省围填海造地经济效益分析

效益类型	经济效益（万元）	国内生产总值（亿元）	经济效益/GDP（%）	排名
海水养殖业	81 854.40	10 096.11	0.081	2
海盐业	35 375.26	10 096.11	0.035	3
交通运输业	164 517.21	10 096.11	0.163	1
旅游娱乐业	2 590.00	10 096.11	0.003	5
工矿业	18 000.00	10 096.11	0.018	4
合计	302 336.87	10 096.11	0.300	

3. 河北省围填海造地的矛盾和问题

随着海洋经济的不断发展，各行业对围填海造地的需求逐渐增大，资源供需矛盾日渐突出，在秦皇岛海域表现为港口及工业区围填海造地与滨海旅游、设施养殖的矛盾；在唐山海域表现为港口及工业区建设围填海造地与滩涂养殖、盐业的矛盾；在沧州市海域表现为近岸石油开采、港口建设围填海造地与海水养殖业、盐业的矛盾等。围填海造地与养殖业、盐业、旅游业的矛盾上文已作介绍，矛盾基本相同，在此不再赘述。

3.4 围填海造地的社会效益

3.4.1 对人口和就业的影响

(1)围填海造地可减轻人口和就业压力。

首先，沿海地区往往人口密集，围填海造地后有利于人口疏散。人口作为一个独特的因素，对围填海造地的影响，是人类社会经济驱动力中最主要的也是最具有活力的影响因素之一。人口压力对填海造地的影响因子包括人口的数量、密度、质量、结构等。

人多地少的城市,同时也是人口增长迅速的城市。人口的增长导致了人均土地资源占有量的下降,造成了对土地的重大压力和许多矛盾。粮食总量、住房面积等需求上升,而耕地面积总量下降,客观上导致了土地供需矛盾的出现,解决这种矛盾的有效方法之一就是通过围填海造地来增加工农业及建设用地,以满足人口增长对粮食、住房等方面的需求。

其次,垦区工农业及相关海洋产业的发展,都可以吸收大量的劳动力。不仅使本地劳动人口获得更多就业机会,而且也吸收了大量外来劳动力,提高了生产力,促进了经济社会的发展。很显然,垦区建设在安排劳动力、提高农民生活水平和促进社会进步等方面发挥了作用。

(2)围填海不当可能引发社会问题。

如果围填海不当,就有可能引发众多社会问题,形成不稳定因素。许多地方围填海涉及渔民补偿与转产转业问题处置不当,造成了社会的不安定;浅海滩涂作为一种公共资源,公众享有公平的使用权,围填之后这些资源变为某些人或某集团的私人物品,而多数当地人丧失了他们赖以生存的资源,这必然会激化社会矛盾,增加社会的不稳定因素;有些地方同一海域多个围填海项目争海的情况时有发生,没有得到合理的规划和政策的引导,也引发了一定的不安定因素。

3.4.2 对基础设施和公共服务的影响

围填海工程一般都改善了当地的基础设施建设(特别是海岛),如交通、通讯、电力、供水、住房等迅速增加,城镇的拓展、公路的延伸和工矿企业的发展都推动了垦区基础设施的建设,提高了人民的生活质量,从而推动了当地社会经济的发展。福建闽江口的云龙围垦近几年来作为北大清华百年赛艇比赛的固定比赛场地,提高了琅岐的社会知名度,也带动了当地旅游观光和投资业的发展。

另外,围填海造地推动了公共服务的发展。围填海造地后,在垦区上建立了许多学校、医院、派出所、农机站、信用社等社会服务性事业单位，在服务垦区当地人民生产和生活的同时，增加了整个城市的社会供给和社会服务，促进了社会事业的发展。

3.4.3 对自然灾害抵御能力的影响。

(1)围填海造地是治江治水的重要措施。

沿海地区治水结合围垦，每建设一个围垦工程，都增添一道高标准的御潮屏障，为防台减灾保平安发挥了巨大作用。在垦区水系沟通，水库增多，水面增大，既提高了排涝标准，又有效地提高了水资源保障能力。

(2)围填海造地影响防灾能力和行洪安全。

围填海造地工程在一定程度上也会影响行洪和航行安全，降低沿海港湾对台风的防御功能。

①港湾入海口泥沙淤积和排洪不畅，会降低沿海港湾对台风的防御功能，城市盲目向海上扩展，较易引发洪水、地面沉降等灾害。在我国沿海地区，因围填海导致环境恶化及各种自然灾害频发的事例比比皆是，许多良港在围填海造地之后严重影响了渔船的安全避风停泊，一些地区为抵御洪水、台风袭击及加固堤坝的投入也远远超出了围填海的收益。

②围填海造地使自然纳潮空间区域大大缩小、滩涂消失，失去了波浪消能空间，加大了潮灾的隐患；河床淤积也会影响泄洪安全，衍生洪灾。1994年夏季，华南地区发生了200年一遇的特大洪水，但气象专家却说降水量并不是很大，主要因为围填海造的陆地阻塞了部分入海河道，影响洪水外泄，使较多的地表水渗到地下，而围填海造陆又导致某些天然泄出口受阻，因此造成局部地下水位上升。广州、深圳近年来发现不少楼房基础受地下水浸泡，甚至导致楼房开裂、地下室进水等现象都与地下水位上升有关。

3.4.4 景观效应

(1)围填海造地促进了海滨人文景观类型的变化。

工业化和城市化是现代社会经济发展的两种不同过程，它们通过人口、产业集中和地域扩散占用土地，是围填海造地的直接动力。随着工业化和城市化水平不断提高，工业用地和城市用地不断地扩展，通过填海开辟了众多工业开发区、海沧台商投资区等大片工业区，使沿海土地利用景观类型发生了变化。

同时，人们生活水平不断提高，客观上使人们的消费有所变化，形成了不同的社会消费结构，要求土地所能带来的供给品种有所变化，造成了围填海造地的不断扩展变化。在以温饱为主要生活目标的阶段，填海造地主要是用于发展农业生产、增加粮食供给；到了小康生活水平阶段，人们不仅要满足吃饱穿暖，而且要吃好、穿好、玩好，导致围填海造地不同时期利用景观类型的变化。

(2)围填海造地破坏了海岸带滩涂独特的自然景观。

观潮涌、望日出、赏海鸟、讨虾贝，有多少文人墨客曾为这诗意般的景观而抒怀，围填海造地后，取而代之的是人工景观，降低了自然景观的美学价值；有些滨海景点、沙滩、浴场都有着开发旅游资源的前景，也因围填海造地而被损害，更有些围填海工程以天然岛屿为依托设置堤线，使岛屿的自然景观遭到破坏，损失了更高层次利用岛屿的功能价值；此外，围填海造地需要大量砂、石、土料，于是开山挖土破坏自然生态和景观的现象也难以避免；有些沿海地区的过度围填海造地工程使许多沿海古迹、文化遗产和风景景观毁于一旦，如厦门东南部的“白石飞沙”和白鹭洲的“筼筜渔火”。

3.4.5　围填海造地社会效益的实证分析：以东海区福建省为例

福建地处我国东南沿海，台湾海峡西岸，海域面积有 1.36×10^4 km^2，比福建省陆域面积大 1.5×10^4 km^2；海岸线长达 3 324 km，居全国第三位；沿海岛屿 1 400 多个，港湾 125 个；浅海面积约 41.3×10^4 km^2，滩涂面积 20×10^4 km^2。但是，福建省土地资源少，围填海造地自中华人民共和国成立以来始终没有停止过。2002 年 6 月出台的《福建省沿海滩涂围垦投资建设若干规定》，在“十五”期间把福安半屿围垦、霞浦沙头围垦、罗源白水围垦、长乐外文武围垦、福清东壁岛围垦、莆田澄峰围垦、惠安外走马埭围垦等工程列入到了省重点建设项目。至 2006 年，共有福清东壁、泉州外走马埭等 4 个在建围垦项目，总规模 1.13 万公顷，总投资达 19 亿元（其中政府出资 11.2 亿元，吸引社会资金 7.8 亿元）。1978～2007 年，福建省共有围填海造地项目 343 个，围填海造地面积 72 369.25 hm^2。其中 1978～2001 年围填海造地 62 611.43 hm^2，2002～2007 年围填海造地 9 757.82 hm^2。

1. 福建省围填海造地社会效益分析

首先，围填海造地减轻了福建的人口和就业压力。福建沿海地区人口密集，围填海造地后促进了人口疏散；沿海贫困山区扶贫条件较差，有的地方利用围填海造地来安置移民。如福安半屿垦区，迁入了不少世代劳作在贫困山区的农民，安排了多种经营，既落实了中央扶贫政策，又改善了人民生活质量，受到了群众的极大赞誉。围填海工程一般都有较好的经济效益，推动了区域的社会经济发展，特别是城市、工业和港口用地产生了极其可观的经济效益，促进了区域产业结构的优化，带动了相关第三产业的发展。同时，工业和第三产业提供了更多的就业机会，为周边劳动力转移提供了广阔的用武之地。

其次，福建围填海造地区域基础设施和公共服务得以发展。2002～2007 年，福建省围填海造地建设中，城镇建设用海面积 10.37 hm^2，占 0.01%；路桥用海面积 413.49 hm^2，占总面积的 0.57%；渔业基础设施用海面积 124.73 hm^2，占总面积的 0.17%；旅游基础设施用海面积 104.57 hm^2，占 0.14%；其他用海面积 64.39 hm^2，占总面积的 0.09%。工程项目建设用海面积 890.21 hm^2，占 1.23%，其中 2002 年之前用海面积 426.3 hm^2，2002 年之后用海面积 463.91 hm^2，其中工程项目用海类型中包括厂房、学校、小区建设等工程。

再次，围填海造地有效防治了自然灾害袭击。福建是海洋自然灾害的频发区和重灾区，海岸带受台风、海啸、海流等袭击、侵蚀和冲刷的现象严重。特别是一些湾口开阔的海湾，如霞浦福宁湾、长乐外文武砂等一带岸线不同程度地出现了土质沙化、岸线崩塌、土地减少、水土流失等现象。通过围垦工程和岸线整治，有效防御了风暴潮袭击，避免或缓解了海蚀作用的影响，改善了岸线景观，对海岸带及海岸工程、浅海域生态和沿海人民的生命财产安全起到了保护作用。

2. 福建省围填海造地引发的社会矛盾和问题

首先，围填海造地激化了当地的社会矛盾，增加了社会的不稳定因素。浅海滩涂作为一种公共资源，公众享有公平的使用权，特别是世代生活在此的当地人依靠这些资源维系他们的生产和生活，而围填之后这些资源变为某些人或某集团的私人物品，多数当地人丧失了他们赖以生存的资源，这必然会激化社会矛盾，增加社会的不稳定因素。福清湾、兴化湾和厦门湾均出现过相似的调查结果，在福清湾和厦门湾的公众参与调查中，多数公众强烈反对围填海工程，认为这是少数人剥夺了多数人挣钱的权利，结果是少数人富了，而多数当地人穷了。

其次，围填海造地破坏了福建海岸带滩涂的自然景观，并且这种影响是不可逆转的。

通过以上的描述和分析，按照表 3-9 中社会效益评价指标与标准，分别赋值，对福建省社会效益进行评价，总分最高分为 20 分，最低为 4 分。经过加总，福建省社会效益评价总分为 14 分，说明围填海造地对福建省的社会影响较大，积极效应较明显。换算为百分制的话，社会效益评价指数为 70。

表 3-9　福建省社会效益评价表

指标	标准	评价等级	评价打分
拉动人口和就业效果	不明显	1	
	一般	3	
	明显	5	5

(续表)

指标	标准	评价等级	评价打分
基础设施和公共服务水平	不明显	1	
	一般	3	
	明显	5	5
防灾减灾能力	不明显	1	
	一般	3	3
	明显	5	
景观效应	不明显	1	1
	一般	3	
	明显	5	

综上所述,围填海造地是满足经济发展和海岸资源利用的有效方式,未来一段时间内,围填海造地仍是沿海经济发展战略的有效实施提供重要的保障。实践证明,科学的围填海,可以兼顾经济效益、生态效益和社会效益,至于如何做到"科学"用海,则需要政府有关部门从经济社会发展的可持续性、战略性出发,兼顾当前利益与长远利益,在充分论证、科学规划的前提下,为我国涉海产业的发展配置适宜的土地资源、提供坚实的平台。

4　我国现行围填海造地管理制度及存在的主要问题

4.1　政府加强围填海造地管理的现实必要性

不管围填海如何“科学”，围填海本身对海洋环境的影响都是不可逆的。从这个意义上讲，围填海造地一定会对环境产生或大或小的影响。科学用海只能解决开发利用海洋资源的合理性问题，而只有限制围填海的面积、适度地围填海，才能更加有效地降低海洋环境所受到的损害。

面对越来越强烈的土地需求和越来越强盛的填海热潮，理论界与实务界均承认围填海造地在缓解用地紧张、促进地方经济发展等方面的作用，但同时人们也对几近疯狂的围填海热潮表示了极大的担忧。国家海洋局有关人士希望通过“加强围填海造地的执法监督，严格查处非法围填海行为”等，以化解围填海造地“对海洋生态环境和海洋的可持续发展”带来的消极影响，这同时也说明了加强对围填海造地的管理的必要性。

1. 围填海造地会造成海洋自然属性的变化

(1)海域物理特性的变化。

围填海造地带来的最直接的变化是海域物理特性的变化，包括海域面积减少、海岸线长度缩短、海岸线走向趋于平直等。另外，一些学者也注意到了滨海湿地的减少，如果仅仅考虑湿地面积减少，也属于围填海带来的物理特性的变化。

(2)海陆依存关系的变化。

比如，海洋的潮流场和泥沙运动等都有自己的规律，在围填海造成海岸线、港湾深度等改变之后，遵循着这些规律发生的海水和泥沙运动必然改变自然形成的海陆依存关系。海底淤积、海岸带侵蚀等都是海陆依存关系发生变化的先例。部分学者提到的港湾、滨海湿地纳潮能力降低实质上也是海陆依存关系的变化。

(3)以海洋及海岸带为依存条件的海洋生态系统的变化。

围填海造地直接埋掉红树林，必然会造成以红树林及相关环境为依存条件的生态系统的改变甚至丧失了滨海湿地常常被人们直接称为生境，围填海造成湿地丧失也就意味着滨海湿地所支撑的生境的丧失，进而引起生态系统的变化。

这些变化有可能导致海域自净能力降低，从而造成海洋环境质量变差；海洋灾害加重；泥沙淤积，航道变窄变浅；渔业生产功能降低；生物多样性下降；净化空气、调节气温和气候的功能减退；海洋景观价值丧失或降低。

2. 海域利用的价值选择和利弊比较表明了政府应加强围填海造地管理

(1)围填海造地有可能破坏海域对生态和社会的复合服务功能。

根据生态学家的研究，一定的生态系统一般都具有调节、生境、生产和信息四种功能，而海洋生态系统包括特定海域或海岸带自然形成的各种生态系统也都具有这四种功能。围填海造地覆盖了一定的海域或滨海湿地等区域，也就埋葬了在这些区域形成的生态系统及其具有的服务功能，而人类通过填埋所得的只是一块新的陆地，一块可以承载人类陆上活动的土地。这块新增的土地即使也具有某种生态价值，但是作为并非出于生态建设目的的人造系统，它的生态服务功能无论如何也不会比自然形成的生态系统更强大。

(2)围填海造地投入生态成本获得地价收益。

实践中，真正吸引企业和某些地方政府的是围填海造地的低成本。不管围填海造地的成本是高还是低，造地带给填海者和社会的直接收获是地价利益——出租可以收取地租，出让可以取得土地转让金（这种收入与原有土地可以取得的收入在性质上是完全相同的）。然而，社会为这种低价利益支付的却是生态成本。不管是滩涂还是湿地、港湾，它们支撑着各自不同的生态系统，各种可以向社会提供多种服务的生态系统，仅仅为了某些企业、地方团体的地价利益而牺牲这些生态系统，支付生态成本，这显然是得不偿失的。

(3)围填海造地是以风险较大的不可知价值换取微小的可知价值。

对围填海造地的收获，不管是从造地与征地成本支付的比较上，还是从地价的市场行情上，抑或是从把所造之地作为生产要素投入生产过程所可能产生的企业收益上，都是可计算的，而围填海破坏生态系统所造成的损失却是难以估量的。比如，特定生态系统的破坏，或特定物种的消亡，可能带来生物多样性包括遗传多样性降低，这种损失是不可恢复的，其价值也是难以估量的。《生物多样性公约》所说的"生物多样性的内在价值和生物多样性及其组成部分的生态、遗传、社会、经济、科学、教育、文化、娱乐和美学价值"、"生物多样性对进化和保持生物圈的生命维持系统"的价值，都可能因具体的围填海行为而遭受损失。

(4)围填海造地使作为人类共同财产的海洋成为少数人的局部利益。

直观上看，围填海损失的只是一定面积的海域，而海域在主权意义上属于国家，在所有权意义上属于国家（如我国），或属于地方（如美国），或属于私人。一定海域的生态意义和与这一特定海域相联系的不可知价值既不是主权的客体，也不是所有权概念的对象，从而它们不是主权者的排他的利益，也不是所有权主体可以处置的对象。这种利益的主体是人类，一种不因主权界限而有内外差别、不因所有权的存在而有有权无权之不同的人群。因此，海洋是人类共同享用的"财产"。为围填海可能造成的损害"埋单"的是人类，而就目前我国普遍实施的围填海工程来看，得利者不是群体意义上的人类,而是一定的地方,甚至是具体的企业,而有关企业的所有者往往只是为数不多的个人。为了实现某些个人、企业或一定地方的利益而牺牲人类的共同财产,让人类为这种利益可能带来的损害承担责任,显然不够公平。

根据在海域利用的价值选择和利弊比较上的这些理由,在考虑到围填海可能带来的利益的基础上,我们对围填海的基本态度应当是严格限制,这个态度可以细化为三点:第一,尽可能少填。因为不管围填海可能带来的利益有多大,上述理由都要求人们少围填海甚至不围填海;第二,在严格限制前提下的围填海应当以服务于大众,或者前文所说的人类为目的。第三,必不可少的围填海应当以避免与其他用海的价值冲突,以避免其他重大利益损害为前提。

围填海活动产生的巨大经济效益及引发的资源环境和社会问题已经引起了党中央、国务院领导的高度重视。2002 年 2 月 21 日,温家宝同志专门批示了“围填海应该有规划和管理”。2003 年 11 月 12 日,温家宝同志再次指出:“要严格规范海洋开发利用秩序,从严控制填海造地和海砂开采”。曾培炎同志也多次对浙江、福建沿海地区围填海工程引发的环境破坏和社会问题作过专门批示。2004 年,《国务院关于进一步加强海洋管理工作若干问题的通知》(国发〔2004〕24 号)指出“围填海和开采海砂是改变海域自然属性的行为,必须严格管理”。

4.2 20 世纪 90 年代以前我国对围填海造地管理的政策

围填海造地管理是海岸带综合管理的一个重要分支,它是随着各国为了增加土地需要开始纷纷向海洋要地才产生的。我国对围填海造地管理的研究首先起源于对海岸带管理及海洋环境治理的研究。随着开发活动的推进和人们对海岸带资源体系认识的加深，为了适应海岸带开发利用与保护的需要，我国学者逐渐开始对围填海造地管理进行研究。

纵观我国围填海造地的发展，对围填海的规划、设计和施工都在不断的完善和提高。从建国前群众自发性的小面积围填海，到建国初期集体组织较大面积的围垦，逐步实现了围填海造地的扩大。至20世纪70年代，各地政府开始重视规划，注重综合效益的发展。至20世纪90年代，各级政府不仅讲求全面规划、头筹兼顾，而且注重长远利益与短期利益的协调。

20世纪90年代以前，我国对围填海造地的管理主要可以分为以下两个阶段。

4.2.1　国家无偿投资阶段：1950～1978年

该时期为改革开放前，国家提出“以粮为纲”，在陆域耕地不足、海域尚未开发的情况下，为了解决粮食问题，围填海造田成为当时的必然选择。国家用“以工代赈”的方式，组织群众围垦海涂，由群众生产使用。由地方政府、乡、镇集体兴建的围填海工程，则主要组织农民投劳，国家对钢材、木材、水泥等主要建筑材料和设备的费用以及农民出工，均给予程度不同的补助。20世纪60年代以后，我国人多地少的矛盾突出，对围填海造地的积极性更大。针对这种情况，国家决定对围填海工程采取积极扶植的政策，由国家提供围填海费用的大部分，无偿支持县和当时的人民公社、大队集体进行围填海。所围土地，基本上全部作为全民所有的农、牧、林场。土地使用权划到社队后，均归社队集体使用，国家投资只是无偿使用。对新围新种土地，国家在税收上实行优惠政策，若干年内实行减免税。在当时，围填海造地虽然对环境造成了局部影响，但总体上海洋环境生态仍维持较好水平。

4.2.2　无偿和有偿投资相结合阶段：1978～1990年

该时期为改革开放后，围填海活动仍以围填海为主，主要集中在滩涂发育发达的地区，但已不再是造田，而是围填海发展渔业养殖，过去围垦的滩涂也出现了退田发展海水养殖的现象。同时，大规模围垦工程对海洋生态环境造成的影响也初步体现，养殖自身污染对海洋环境产生破坏，加上高强度和高密度的海洋捕捞使渔业资源数量和质量开始下降，海洋环境生态已见恶化的趋势。

围填海造地的国家投资逐步由完全无偿转向无偿和有偿相结合，即国家除继续以无偿支持一部分资金以外，还用低息贷款等有偿形式支持围填海。20 世纪 80 年代中期以来，国家对外开放、对内搞活的政策日渐深化，使围填海造地工程在组织方式、投资来源、开发利用和收益分配方面发生了一系列变化。在组织方式上，除部分继续由乡镇集体围垦外，还成立了专业的围填海公司，由政府、地方、企事业单位等组织成围涂开发联合体进行围垦。在投资来源上，虽然国家对围填海造地工程的无偿投入减少了，但开拓了多种有偿形式的集资来源，如国家银行的低息贷款、世界银行贷款、国有土地改为有偿使用后所取得的占地补偿费、造地费等。在开发利用上，除谁围、谁有、谁使用的传统模式外，一部分围填海土地不再由投资者直接经营，而以某种方式转移给他人使用，投资者从中获利。国家推出的这些灵活的集资和偿还政策，大大扩展了围填海的资金来源，对围填海工程的建设起到了极大的推动作用。

4.3 20 世纪 90 年代以来我国的围填海造地管理制度

4.3.1 20 世纪 90 年代以来我国对围填海造地管理的发展阶段

20 世纪 90 年代以来，我国的围填海造地管理主要可以分为两个阶段：

(1)《海域使用管理法》实施以前的阶段：1990～2002 年。

这一阶段，我国的海洋产业快速发展，各地投资围填海造地积极性很高，投资用海活动也愈来愈多，一些外商、驻华使馆纷纷前来询问有关政策。但同时，因机构设置原因，海域使用管理较为混乱。虽然国家和省对海域的使用和管理出台了一些规定，但多头管理的现象严重，上至国务院，下至乡镇政府都能审批围填海项目，水利、交通、农业等部门也能审批围填海项目，政府领导同意甚至未经审批也可进行围填海，这直接造成了围填海活动无法可依、无序可循的局面。

随着国家逐渐意识到围填海造地中存在着的种种问题，开始从制度上和政策上加强了对海域使用的管理，建立了海域权属管理制度和有偿使用制度，使各行业和个人通过法定程序依法取得海域使用权。1997年，国家海洋局布置开展了海域使用管理示范区工作，将烟台、葫芦岛、舟山、秦皇岛设为示范区，并编制了海域使用规划。新世纪以来，围填海造地管理成为海域管理的重中之重。

(2)《海域使用管理法》实施以后的阶段：2002年至今。

《中华人民共和国海域使用管理法》自2002年1月1日起施行，海域使用管理进入了新的阶段。随着改革开放的深入发展，各级政府都增强了海洋意识，既看到了海洋在外向型社会经济中的巨大作用，也看到了海洋生态环境保护的重要性。我国加强了海域使用管理上的海域使用论证和环评工作，围填海也走上有法可依的使用论证和环评论证程序，申请审批、资源赔偿、收取海域使用金等制度不断完善，逐步扭转用海“无序、无度、无偿”的局面。2006年，我国首次制定了全国性的围填海规划，在局部开展规划试点，将近岸海域划分为禁止围填区、限制围填区、适度围填区、围填供给区等4种功能区域，并制定沿海各地的围填海总量控制指标，规定围填海工程必须举行听证会。2008年，国家海洋局提出加强海洋功能区划对投资项目的统筹和引导，保证重大工程项目的用海需求，强化专项用海规划及其项目管理，严格控制海域使用论证和评审的时间，提高海域使用审批工作效率的政策措施，特别提出对越权审批、拆分审批使用海域的，要严肃追究相关人员的责任，确保了海域使用管理工作的严谨性和高效率。2009年国家海洋局按照国家宏观政策要求，实行有保有压、宽严相济的围填海管理政策，引导、调控地方固定资产投资和产业布局；建立围填海年度计划管理制度，对年度围填海规模实行指令性计划管理；完善围填海审批制度，加强围填海项目事前、事中、事后的全过程监管；同时，以省为单位开展围填海专项检查。

总体来看，我国的围填海造地管理主要依附于海域使用管理，所遵循的法律主要是海域使用管理相关法律法规。

4.3.2 相关法律法规

1990 年，为了加强海岸工程建设项目的环境保护管理，严格控制新的污染，保护和改善海洋环境，根据《中华人民共和国海洋环境保护法》，制定了《中华人民共和国防治海岸工程建设项目污染损害海洋环境管理条例》（以下简称《条例》）。《条例》提出建设海岸工程建设项目，必须符合所在经济区的区域环境保护规划的要求，必须遵守国家有关建设项目环境保护管理的规定。《条例》规定了在某些具有航运价值、生态价值的区域，红树林、珊瑚礁生长区域以及海湾、半封闭海的非冲积型海岸等区域严格禁止围填海造地，海岸工程对渔业资源有严重影响的，建设单位应当建造过鱼设施或者采取其他补救措施。

1992 年 5 月，国务院下达《关于尽快建立海域使用管理制度的批复》，要求加强对海域使用的管理，实行海域使用许可证制度和有偿使用海域制度。1993 年 5 月，财政部和国家海洋局联合发布了《国家海域使用管理暂行规定》（以下简称《规定》），从此，我国的海域使用管理有了一个新的开始。《规定》规定了海域使用证制度和海域有偿使用制度，明确提出对于改变海域属性或影响生态环境的开发利用活动，应该严格控制并经科学论证。但是，《规定》对海域使用只有一个统一的概念，对围填海的面积和管理权限没有明确限制。

2001 年 10 月 27 日，第九届全国人民代表大会通过《中华人民共和国海域使用管理法》，2002 年 1 月 1 日正式实行，至此，我国有了国家层次的海域使用管理法律。该法对海洋功能区划制度、海域有偿使用制度、海域权属制度、海域使用管理体制等作了规定。《海域使用管理法》专门提出国家严格管理填海、围填海等改变海域自然属性的用海活动,明确规定海域使用的审批程序和相应管理部门的审批权限,即填海 50 hm^2 以上的项目用海;围填海 100 hm^2 以上的项目用海;不改变海域自然属性的用海 700 hm^2 以上的项目用海;国家重大建设项目用海;国务院规定的其他项目用海应当报国务院审批。同时,对填海使用权也进行了规定:填海项目竣工后形成的土地,属于国家所有。

2002 年,为了规范海洋建设项目环境影响评价,第九届全国人大通过了《中华人民共和国环境影响评价法》(以下简称《环境影响评价法》)。《环境影响评价法》对规划的环境影响评价和建设项目的环境影响评价进行了说明,规定了环境影响评价过程中相关部门的职责、环境影响评价书的主要内容和审批流程。

2006 年,为了防治和减轻海洋工程建设项目污染损害海洋环境、维护海洋生态平衡、保护海洋资源,根据《中华人民共和国海洋环境保护法》,制定了《防治海洋工程建设项目污染损害海洋环境管理条例》。该《条例》提出了海洋工程环境影响评价制度,明确了海洋工程环境影响报告书的内容和审批流程,对海洋工程的污染防治、污染物排放管理、污染事故的预防和处理也都作了详细规定。

2008 年新修订的《中华人民共和国防治海岸工程建设项目污染损害海洋环境管理条例》,规定了海岸工程与海洋工程的区别,加强了惩罚力度。为了遏制盲目围填海对海域的无序开发使用,国家海洋局根据《海域使用管理法》的规定,实施了海域使用许可证和征收海域使用金制度,在一定程度上减少了无序开发对海岸带的破坏强度。在海域使用管理政策导向上,国家海洋局提出:一是围绕海洋产业结构和布局的调整,统筹安排各行业用海,协调行业之间用海矛盾,提升和优化第一产业用海,积极支持二、三产业用海,并要为今后的发展预留足够的海域资源空间;二是倡导科学用海，发挥海洋功能区划的引导和约束作用，逐步实行规划管理，研究制定行业用海控制指标，严格进行海域使用论证，防止海域资源的粗放利用和浪费。

同时，依据《海域使用管理法》，我国还在不断完善配套法规。国务院先后批准发布了加强海洋管理工作、海洋功能区划审批、项目用海审批等五个规范性文件。国家海洋局也陆续发布了海域使用权管理、海域使用权登记等 18 个规范性文件，并会同财政部制定了海域使用金征收管理和减免方面的管理规定。另外，在《海域使用管理法》颁布前后，沿海各省也根据本省海洋经济发展状况颁布了适用于本省的关于海域使用的地方法规和条例等。

2009 年我国出台了《建设项目填海规模指标管理暂行办法》，对建设项目填海规模试行计划指标管理。

2010 年起，我国对围填海开始实施年度计划管理。根据国家发展和改革委员会、国家海洋局联合印发的《关于加强围填海规划计划管理的通知》(发改地区〔2009〕2976 号)，对建立区域用海规划制度、实施围填海年度计划管理、加强围填海项目审查等方面作出了明确规定。对于连片开发、需要整体围填用于建设或农业开发的海域，由市、县级人民政府组织编制区域用海规划；区域用海规划分区域建设用海规划和区域农业围垦用海规划；编制完成后，省级海洋行政主管部门按规定进行审查；实施围填海年度计划管理；区域用海规划范围内的围填海项目，根据围填海项目用海审批情况在规划期限内逐年核减围填海计划指标；加强围填海项目审查；凡未通过用海预审的项目，不安排建设用围填海年度计划指标，各级投资主管部门不予审批、核准(备案)。

4.3.3 海洋功能区划制度

海洋功能区划是保证海域自然资源与环境客观价值得以充分发挥、满足该区域经济与社会持续发展的需要的制度基础，是政府加强围填海制度管理的重要依据之一。

1. 海洋功能区划的涵义

海洋功能区划是在某一海域多种功能同时并存的情况下，根据海域的地理位置、自然资源状况、自然环境条件和社会需求等因素，在分析对比选定最佳功能的基础上，划分的不同的海洋功能类型区，用来指导、约束海洋开发利用实践活动，保证海上开发的经济、环境和社会效益。同时，海洋功能区划又是海洋管理的基础。

具体而言，海洋功能区划根据海域及相邻陆域的自然条件、环境状况和地理区位，并考虑到海洋开发利用现状和社会经济发展的需要，将海域划定为若干具有主导功能，能够发挥经济、社会和生态综合最佳效益并在自然条件上具有相对独立的地理单元。因此，海洋功能区划有助于实现政府对海洋开发活动的宏观指导，协调各涉海行业之间的用海矛盾，优化区域生产力布局。

海洋功能区划的核心内容首先是按照海域的区位、自然资源和自然环境等自然属性，科学确定海域功能，这要求在海洋功能区划中应当将有关自然资源的考虑置于首位，科学用海，合理开发利用海洋资源；其次是根据经济和社会发展的需要，统筹安排各有关行业用海，考虑海洋的社会属性；再次是保障海域可持续利用，促进海洋经济的发展；最后是保障海上交通安全和国防安全。海洋功能区划相当于土地利用总体规划，是审批围填海造地项目用海的基本依据和实施海域管理的重要基础。

因此，在围填海如火如荼展开的情况下，海洋功能区划的实施为行业用海矛盾、海域权属不清、海域使用权益问题的解决奠定了坚实的制度基础。

2. 海洋功能区划制度在我国的研究与实施情况

我国海洋功能区划的范围包括我国管辖的内水、领海、毗邻区、专属经济区、大陆架及其他海域（香港、澳门特别行政区和台湾省毗邻海域除外）。

为了解决我国管辖海域出现的“海洋资源开发利用不足与过度开发并存，以及近岸海域污染和生态恶化”等问题，针对沿海地区面临的人口持续增长、资源日趋衰退、海洋环境压力加大的发展趋势，2000 年起国家海洋局根据国务院的要求，会同国务院有关部门和沿海省、自治区、直辖市开展了全国海洋功能区划编制工作。经过广泛的资料收集、大量的专题研究、多次的征求意见和协商工作,《全国海洋功能区划》于2002年8月22日经国务院批准,9月4日由国家海洋局根据国务院授权发布实施。《全国海洋功能区划》以保护和合理利用海洋资源、提高海域使用效率、遏制海洋生态恶化、改善海洋环境质量为目标,客观分析了我国管辖海域开发与保护状况,明确提出了指导思想、原则和目标,科学地划定了10种主要海洋功能区,确定了30个重点海域的主要功能,并制定了实施的主要措施。《全国海洋功能区划》的颁布实施,标志着我国适应社会主义市场经济体制要求的海洋开发利用的区划体系和综合管理机制初步建立,海洋功能区划的主要成果已在海洋行政管理工作中得到有效应用,成为各级政府监督管理海域使用和海洋环境保护的依据。之后,又在全国启动了海洋使用管理示范区建设工作。几年来,示范区所在地的海洋和地方政府相关部门密切合作,不断探索、不断实践,为推进海域使用管理做了大量深入细致的工作,对全国的海域使用管理工作起到了积极的带动作用,同时积累了许多成功经验。

依照全国和地方海洋功能区划,我们可以把近岸海域划分为禁止围填区、限制围填区、适度围填区、围填供给区等4种功能区域,并制定了沿海各地的围填海总量控制指标。围填海合理开发应在海岸带资源与环境综合调查的基础上,根据海洋功能区划的要求,发挥地区资源优势,全面考虑经济效益、社会效益和环境效益,有计划地规划岸线、滩涂和水域;从海洋产业布局需求出发划分港口岸线、城市岸线、临海工业岸线、滨海旅游岸线、生态农业岸线、海滨湿地保护区、渔业资源保护区等。

2004年3月,国务院批复了第一个省级海洋功能区划——《山东省海洋功能区划》,之后,陆续批准了辽宁、海南、广西等省(区)的海洋功能区划。2007年8月1日起我国开始实施《海洋功能区划管理规定》,明确了海洋功能区划编制的机关、原则、任务、程序,审批、备案、公布的程序,评估和修改的程序,实施的具体要求等内容,基本涵盖了海洋功能区划工作的各个环节。到2008年年底,全国11个沿海省(区、市)的省级海洋功能区划均已获国务院批准。

表4-1 2009年各用海方式的确权面积

项目	填海造地	构筑物	围填海	开放式	其他方式
面积(hm^2)	17 888.09	1 508.08	19 305.49	137 335.34	2 329.86

(数据来源:2009年中国海域使用管理公报)

随着我国经济社会的快速发展,沿海地区工业化、城镇化进程加快,海洋开发密度、强度加大,行业用海的需求增加,行业用海矛盾日渐突出,这不仅对海岸和近海的开发利用提出了新的需求,而且也对海洋生态环境产生了巨大压力。为此,2009年我国正式启动省级海洋功能区划修编工作,下发了《关于开展省级海洋功能区划修编工作的通知》和《省级海洋功能区划修编技术要求(试行)》,对修编的指导思想、基本原则、主要任务、实施步骤和技术成果作出了明确要求,并举办了两期共300余人参加的海洋功能区划修编技术培训班。

表4-2 2009年沿海省、自治区、直辖市填海造地确权面积

(单位:hm^2)

省份	辽宁	河北	天津	山东	江苏
面积	3 256.47	2 696.02	2 807.99	1 292.58	631.91
省份	浙江	福建	广东	广西	海南
面积	2 852.35	2 760.21	242.71	1 068.05	279.8

(数据来源:2009年中国海域使用管理公报)

4.3.4 海域权属管理制度

海域权属管理是海域使用制度中的一个重要基础,我国对海域的权属管理是从1993年开始的。所谓海域权属管理是指对海域所有权及海域使用权的设定、变动和登记等的管理,包括对以行政审批、招标、拍卖等方式设定海域使用权的管理、海域使用权登记内容变动登记管理、海域使用权流转秩序管理、海域使用权争议调解处理等。

根据《海域使用管理法》规定，海域所有权属于国家，需要使用海域就必须向海洋部门申请，经政府批准取得海域使用权，履行登记程序后确权发证，经登记的权利受法律保护。国家作为海域的所有者和管理者，在统一规划的基础上行使海域的所有权，通过海域所有权与海域使用权分离的原则，建立稳定、明确的海域使用权利义务关系，协调各类海域开发利用活动之间的矛盾和纠纷，保护国家和用海者的合法权益。

海域权属管理制度从法律上确认保护国家海域所有权，同时通过使用权和所有权分离的形式找到公有海域资产的有效实现形式。它通过法律界定海域使用权的归属达到“定纷止争”的作用，以充分维护海域使用权人的合法权益，这是在市场经济条件下财产能够得到合理的交易和流动的前提。海域作为国有资源，因其用途广泛而涉及不同部门，如果没有一部综合性的法律，很难调整不同行业之间的用海关系。通过海域权属统一管理，明确了海域有偿使用和海域使用权的登记制度，有效调整了不同行业的用海关系，提高了海域资源利用的整体效益，促进了海域合理开发和持续利用。

《海域使用管理法》确定了海域权属管理的基本制度，并且随着该法的实施，海域权属的统一管理正在逐渐深入。目前，我国沿海地区的海域权属管理制度是按照其使用的类别和使用数量分级审批的，县级以上的人民政府各有其审批的权限。原则上海域使用权证书的颁发，哪一级政府审批就由哪一级的政府颁发。《海域使用管理法》规定了国务院和沿海地方政府的审批权限，所以第十九条只规定了国务院和地方政府的审批与颁发。至于沿海地方县级以上人民政府审批权限的划分，将按照该法第十八条第二款规定：“前款规定以外的项目用海的审批权限，由国务院授权省、自治区、直辖市人民政府规定。”即将省级政府、地级市或地区、县和县级市政府的审批权限，留给沿海省级人民政府因地制宜的规定。

2008 年，为顺应国家宏观调控取向，适时调整海域资源供给政策，重点保证国家能源、交通、工业等重大建设项目用海需求，全年国务院批准重大建设项目用海 11 个，其中核电项目 2 个。国家海洋局出台了《关于为扩大内需促进经济平稳较快发展做好服务保障工作的通知》，对海洋管理工作如何为扩大内需促进经济平稳较快增长做好服务保障工作提出了十项政策措施。

2009 年，全国共确权海域面积 178 366.86 hm^2，其中经营性项目173 586.65 hm^2，公益性项目 4 780.21 hm^2；发放海域使用权证书 5 327 本，其中经营性项目 5 195 本，公益性项目 132 本，各地区具体情况见表 4-3。

表 4-3 2009 年沿海省、自治区、直辖市海域使用确权情况

地区	确权海域面积(hm^2)		海域使用权证书(本)	
	经营性项目	公益性项目	经营性项目	公益性项目
辽宁	7 613.75	351.16	747	11
河北	3 466.94	288.41	83	5
天津	3 521.26	1 604.28	54	3
山东	23 923.19	1 700.32	326	48
江苏	31 043.99	1.07	216	2
上海	792.03	1	6	2
浙江	11 543.43	330.36	337	18
福建	8 681.57	231	2 151	11
广东	10 014.29	90.31	475	16
广西	2 317.87	6.03	166	3
河南	1 251.02	176.27	633	13
省管理海域以外	317.31		1	

(数据来源：2009 年中国海域使用管理公报)

4.3.5 海域有偿使用制度

海洋资源是国家宝贵的财富，对海洋资源进行资产化管理成为保证资源的合理配置和提高资源的综合利用和可持续利用的必然选择。

海域使用管理工作的核心是实行使用许可制度和贯彻有偿使用原则，海域使用者必须按照规定向国家支付一定的海域使用金作为使用海域资源的代价。因此，海域有偿使用制度是海域使用管理的一项重要制度，对我国的海域管理和保护具有重要意义。实行海域有偿使用制度，是对市场经济的完善。建立海域的有偿使用制度，能够使海域资源得到有效配置，经济活动遵循价值规律的要求，保证了海域资源配置到效益较好的环节中。实行海域有偿使用制度，是实现可持续性发展的需要。

1992年，国务院根据当时国内外企业使用我国海域从事生产经营性活动的具体情况，决定实施海域有偿使用制度。1993年实施的《国家海域使用管理暂行规定》对海域有偿使用制度作了详细的规定，确定海域使用金包括海域出让金、海域转让金和海域租金三种。2002年颁布的《海域使用管理法》又一次对海域有偿使用制度进行了规定："国家实行海域有偿使用制度。单位和个人使用海域，应当按照国务院的规定缴纳海域使用金。"2007年财政部、国家海洋局联合下发了《关于加强海域使用金征收管理的通知》（财综〔2007〕10号），于2007年3月1日起正式施行。该通知将全国海域进行了综合划分，根据不同用海类型以及海域等别制定了全国统一的海域使用金征收标准，这不仅有助于提高海域资源配置效率、确保海域资源性资产保值增值，而且统一了海域使用金征收标准，有助于海域有偿使用的全国规范化管理。该通知规定了海域使用金上缴分为一次性缴纳和逐年缴纳两种方式。其中围填海造地用海、构筑物用海中的非透水构筑物、跨海桥梁和海底隧道等类型用海需一次性缴纳海域使用金，其他类型用海则按照使用年限逐年征缴。截至2008年底，沿海11个省、自治区、直辖市均出台了海域使用金征收管理的具体实施办法。2008 年，海域使用金征收金额 58.90 亿元，减免金额 15.84 亿元。

海域使用金作为国家财政收入，主要用于海域整治、保护、开发和管理。海域使用金既不是行政性收费，也不是一般的税收，而是国家以所有者的身份，将所有权与使用权分离，出让海域使用权获得的收益，是国家凭借资产权利征收的财政收入。

目前，辽宁、山东、江苏、广东等地依法开展了海域使用权招标拍卖工作，优化了资源配置，促进了海域的合理开发，为建立“公开、公平、公正”的海域市场积累了经验。部分地区还积极探索海域使用权流转市场建设工作，提高了海域使用权的地位和作用，但目前我国海域市场尚处于起步阶段，为海域价格评估工作提供的市场资料极其有限。

表 4-4　2009 年沿海省、自治区、直辖市填海造地海域使用金征收额

地区	海域使用金征收额（万元）	项目	海域使用金征收额（万元）
辽宁	80 869.55	建设填海造地	702 323.09
河北	10 067.69		
天津	211 533.88		
山东	108 669.38	农业填海造地	1 012.30
江苏	6 553.65		
浙江	49 401.62		
福建	117 472.89	废弃物处置填海造地	674.92
广东	54 992.81		
广西	51 111.96		
海南	13 336.88	总计	704 010.31

（数据来源：2009 年中国海域使用管理公报）

4.3.6 环境影响评价制度

1972年联合国斯德哥尔摩人类环境会议之后，我国开始对环境影响评价制度进行探讨和研究。此后，从引进环境影响评价技术开始到环境影响评价制度建立，我国环境影响评价制度经历了如下的发展阶段：

(1)起始阶段：1979～1989年。

1979年我国颁布了《中华人民共和国环境保护法（试行）》，确立了环境影响评价制度。此后，随着1982年《中华人民共和国海洋环境保护法》和1989年《中华人民共和国环境保护法》的颁布，我国的环境影响评价制度逐步走向法制化，并通过行政规章，逐步规范环境影响评价的内容、范围、程序。

(2)完善阶段：1990～1998年。

这一时期，我国广泛开展了区域发展环境影响评价的试点，公众参与、政策、社会环境影响评价以及风险影响评价、累计影响评价、后评估也有所发展。另外，国家还颁布了一系列技术导则，建立了环境影响评价指标体系。1998年国务院颁布《中华人民共和国建设项目环境保护管理条例》，第一次将环境影响评价的具体办法提高到法规层次。至此，我国的环境影响评价制度进入一个新的发展阶段。

(3)提升阶段：1999年以后。

为了贯彻实施《建设项目环境保护管理条例》，1999年国家环保总局公布了《建设项目环境影响评价证书管理办法》、《建设项目环境保护分类管理名录》、《关于执行建设项目环境影响评价制度有关问题的通知》等；2003年9月1日《环境影响评价法》的颁布实施，标志着该制度在我国的正式建立。

我国的环境影响评价制度主要具有以下特点：

(1)具有法律强制性。现行法律法规中都规定建设项目必须执行环境影响评价制度。由于海洋的特殊属性，围填海造地建设项目对环境的改变通常是不可逆的，对环境、植物和动物的影响巨大。按照《环境影响评价法》的规定，所有对环境有影响的建设项目都必须执行环境影响评价制度，围填海造地工程必须进行环境影响评价。

(2)强调公众参与原则。大规模的围填海造地项目一般具有显著的社会效益和经济效益，同时也会对周边环境有一定程度的影响。在环境影响评价报告书中体现了公众参与原则，广泛地听取社会各界的意见和建议，以便科学和全面地作出正确决策。《环境影响评价法》第五条规定："国家鼓励有关单位、专家和公众以适当的方式参与环境影响评价。"2006 年《环境影响评价公众参与暂行办法》出台，详细列明了公众参与环境影响评价的方式、途径与程序。

(3)体现了海洋法律法规。围填海造地环境影响评价旨在预测和评价建设项目对周围陆域和海洋环境的影响范围和程度。因此，必须把海洋作为重点对象加以考虑，对海洋水质、海洋沉积物、海洋生物等必须按照海洋相关法律法规和质量标准进行评价。海洋法律法规如《中华人民共和国海洋环境保护法》、《防治海洋工程项目污染损害海洋环境管理条例》、《中华人民共和国防治海岸工程建设项目污染损害海洋环境管理条例》、《中华人民共和国海域使用管理法》以及中央和地方的海洋功能区划。海洋环境质量标准如《海水水质标准》、《海洋沉积物质量》、《海洋生物质量》等。

(4)对填海工程的短期评价。每个围填海造地工程对港湾纳潮量和海岸流场的影响不大，但累积起来的效应还是比较可观的。而围填海造地项目的环境影响评价只对本项目的影响进行评价，只能解决施工期或建成后的污染问题，难以解决其对港湾水动力及其危害的长期效应问题。

在我国沿海地区，为进一步规范海洋、海岸工程环境影响评价工作程序，缩短审批时限，方便服务对象，我国大多数沿海省份都制定了《海洋环境影响评价工作制度》，编制了海洋工程、海岸工程海洋环境影响报告书审核、核准的案例，使服务对象能够有章可循、有案参考，使海洋环境影响评价行政许可事项更加规范化。同时，在核准文件中明确要求项目单位执行海洋环境跟踪监测，督促建设单位开展施工期海洋环境跟踪监测，控制和减少工程建设对周围填海域造成的污染损害。

然而，在我国沿海围填海造地工程建设实践中，虽然法律要求建设单位在开工建设之前应该委托有资质的机构进行环评，但是许多建设项目未经环评就直接报送到计委、发改委，甚至直接由后者发起某项项目。并且，实践中往往是在受理海域使用权申请或者废弃物海洋倾倒申请的时候，发现该涉海工程建设项目海洋环评方面的内容和管理程序存在缺损和瑕疵，如有的没有开展海洋影响评价，有的没有海洋管理部门签具的环境影响报告书（表）审核意见。而项目由计划部门立项以后，意味着开发行为已基本上被政府有关部门认可，后来环评程序的功能似乎只是论证该建设项目没有不利的环境影响，或者寻求减少环境影响的对策，这样就失去了从源头上把关海洋环境影响项目的良机。涉海工程建设项目环境影响评价的最后落脚点只能是提出合适的治理方案，实质上就成了一个在社会行为末端和尾部的行为。

4.3.7 海域使用论证制度

海域使用论证制度是通过对申请使用海域区位条件、资源状况、区域生产力布局、用海历史沿革、海域功能、海域整体效益及灾害防治、国防安全等方面的调查、分析、比较和论证，提出该用海是否可行，为海域使用审批提供科学依据的制度。海域使用论证具有导向和约束作用，是保障用海项目顺利实施的先决条件，也是海洋行政主管部门审批用海最重要、最直接的依据，是有关资源、环境、生态、工程、经济、法律、政策等多学科知识的综合分析。尽管我国的海域使用论证制度没有具体对围填海造地工程提出要求，但所有的围填海造地工程都属于海域使用范畴，必须进行海域使用论证。

我国的《海域使用管理法》规定了单位和个人申请使用海域的，申请人应当提交海域使用论证材料。为了规范和指导海域使用论证工作，2008 年国家海洋局制定了《海域使用论证管理规定》，明确了海域使用论证工作的范围和形式，规范了论证报告的编制、评审以及监督管理工作，确定了论证报告的主要内容，并编制了《海域使用论证技术导则》，修订了《海域使用论证报告编写大纲》、《海域使用论证资质分级标准》，进一步细化和明确了海域使用论证工作的技术要求。

2008 年，完成了 76 家海域使用论证资质单位的资质年审工作，其中 37 家合格，24 家基本合格，12 家不合格，对违反《海域使用论证资质管理规定》的 33 家单位采取了相应的处罚措施，其中 4 家单位被注销资质；开展了海域使用论证资质申请的审定工作，19 家单位新取得海域使用论证资质；调整和更新了国家级海域使用论证评审专家库，120 名专家入选；举办了三期海域使用论证业务培训班。2009 年，全国共注销海域使用权证书 650 本，其中经营性项目 642 本，公益性项目 8 本；注销海域面积 37 311.55 hm^2，其中经营性项目 35 782.45 hm^2，公益性项目 1 529.10 hm^2。2009 年，全国办理海域使用权变更登记的证书数量为 1 053 本，面积为 137 867.37 hm^2。

目前，我国沿海地区正在形成“三大五小”区域发展格局，海域管理形势发生了深刻变化，海域使用论证工作已进入一个新的发展阶段，海域使用论证制度日趋完善，海域使用论证工作呈现不断加强和逐步规范的势头。我国沿海各省市在地方性法规和政府规章中，结合当地实际，对海域使用论证工作作出了相关规定。天津、山东、浙江、福建、广西、海南等省市还专门制定了具体的管理办法，使海域使用论证工作逐步纳入了规范化管理的轨道。为加强海域使用论证报告的技术把关，国家海洋局建立健全了海域使用论证评审机制，组建了国家和省两级海域使用论证评审专家库，还推动省、市、县三级成立了专家评审委员会。目前，各级评审专家库的专业配备基本合理，评审专家的奖惩措施基本到位。为了提高海域使用论证报告评审工作效率和专业化水平，国家海洋局专门成立了海洋咨询中心，专门负责论证报告的评审工作。同时，为规范论证市场秩序、壮大论证技术队伍、提高论证单位和从业人员的执业水平，国家海洋局对海域使用论证单位实行资质管理，目前批准执业的甲、乙、丙级论证单位 82 家；对从业人员要求持证上岗，先后组织开展了 12 期海域使用论证业务培训班，发放岗位证书近 3 000 本，并不断强化资质管理，通过年检、抽查等手段实施业绩考核和动态管理。2009 年年检，吊销了 2 家单位的资质证书，注销了 3 家单位的资质证书，对 15 家单位作出了暂停执业的处理。这些措施确立了资质管理的权威性，保证了论证队伍质量，维护了论证市场秩序。

但在实际工作中也出现了一些海域使用论证资质单位论证行为不规范、论证报告质量不高、论证工作效率较低以及部分地区论证市场秩序混乱等问题，在一定程度上影响了海域使用审批的科学性。

4.4 我国现行围填海造地管理制度存在的主要问题

4.4.1 缺少针对围填海造地管理的专门法律

我国的围填海造地管理主要是根据《海域使用管理法》进行的，该法对海域使用的申请与审批、海域使用权、海域使用金等都进行了相应的规定。但由于围填海造地涉及多个领域，因而还受《土地管理法》、《海洋环境保护法》、《渔业法》、《海上交通安全法》等多项法律的制约。尽管在《海域使用管理法》立法过程中，立法部门曾对海域使用法律制度与相关法律的协调问题进行过研究，并提出了一些解决方案，但实施效果并不十分理想，相关法律之间的冲突现象仍然存在。

借鉴日本和韩国的海洋管理体制经验可以看出，日本是分散型管理，韩国是集中性管理，但两国都在围填海造地初期就制定了调整公有水面利用和沿海建筑活动的法律:韩国的《海岸带管理法》、《公有水面管理法》和《公有水面埋立法》,日本的《海岸法》和《公有水面埋立法》。两国的这些法律在海岸带开发早期有效地保护了海岸设施和海岸带资源。鉴于我国《海域使用管理法》对围填海造地管理的局限性,且配套法律规定不尽完善,与其他法律法规之间存在着冲突,因而有必要针对围填海造地制定一部专门的法律。该法不仅要对围填海造地的申请、审批程序以及相关制度进行详细规定,而且要解决相关行业法律之间的协调问题。

4.4.2　相关制度不能满足围填海造地管理的现实需要

1. 海域使用制度不完善

(1)海陆界限不明影响海域使用管理可操作性。

在当前海域管理中,对滩涂的管理,有的地方是同一部门,有的地方是多个部门,由此造成管理上的不协调。这个问题比较集中地体现在滩涂的海陆界线方面。造成这一问题的原因来自两个方面:一是现代城市和地区经济的急剧发展,迫切要求向海洋要空间,使沿海地区围填海(涂)造地日益兴起;滩涂增养殖业的蓬勃发展,使滩涂得以大量利用。二是海陆"实际"界线难以确定。虽然《海域使用管理法》明确规定了"海岸线",但海陆界线的划分操作起来仍是比较困难的。不同的管理部门为争夺管理权容易出现利益冲突,从而影响海域使用管理的可操作性。

目前,我国海陆没有划定明确统一的分界线,导致部门之间管理范围和责任不明,妨碍海域使用管理工作的有效进行,所以亟须对海陆进行划分界线。海陆分界是一项技术性较强的工作,国家有关部门应就此作出具体技术标准,以便划分水利部门与海洋部门在河口区段的管理界限。从理论上说,入海河流受海洋潮汐作用影响范围以内的区域,应视为海域,这在岩礁底质海域是比较容易划分的。而在泥沙底质海域,由于入海河道所处海域比较小,潮汐作用范围大,要明确海陆的分界比较难。建议国土资源部、国家海洋局与交通部协同开展实地调查工作,严格确定海陆界线并以法规形式予以明确。

(2)海域使用管理与土地管理的衔接脱节。

《海域使用管理法》中规定"填海项目竣工后形成的土地,属于国家所有。海域使用权人应当自填海项目竣工之日起三个月内,凭海域使用权证书,向县级以上人民政府登记造册,换发国有土地使用权证书,确认土地使用权"。这一规定解决了"填海造陆"的法律手续变更问题。但是有关"挖陆成海"的法律手续变更问题在《海域使用管理法》和《土地管理法》中均未给出明确的规定。"挖陆成海"在海洋开发活动中时有存在,海洋行政主管部门在管理这类工程时无法可依。《海域使用管理法》和《土地管理法》之间存在管理衔接脱节问题。

目前,在填海造地的管理中最迫切需要解决的问题就是填海造地过程中海域使用管理与土地管理的衔接问题,主要体现在填海造地形成的土地应该如何确权,即填海所用海域如何从海域使用权变更为土地使用权。这个问题既是目前填海造地管理中最需要解决的问题,也是在海域行政管理中最薄弱和模糊的环节。填海造地形成的土地如何处置,即如何确定土地使用权类型对原海域使用权人而言是至关重要的,它不但关系到如何体现政府对土地资源的所有权,也关系到填海造地的海域使用权人的经济利益,同时,它对填海造地管理本身也有直接的影响。

目前,我国土地使用权的使用类型主要分为两种:出让与划拨。填海造地形成的土地属于出让性质,还是划拨性质,在土地管理与海域管理的实践中都是一个争议比较大的焦点。如果草率地将海域使用权证书换发为划拨或者出让类型的土地使用权,都会产生一些问题。

在目前的土地管理相关法律法规中,对填海造地形成的土地应该如何确权没有明确的规定,在海域管理范畴内,关于此确权问题目前唯一明确的规定是《海域使用管理法》的上述规定,但此规定在实践中会遇到很大困难,填海造地后海域使用权如何转化为土地使用权,存在两方面的衔接问题:第一是海域使用权和土地使用权的转化在法律程序上的衔接，实践中主要是因填海造地海域使用权换发土地使用权的程序问题；第二是海域使用权转化为土地使用权后实体权利和义务的衔接问题。

并且依据该条规定，进行填海项目的海域使用权人将是新增土地的使用权人。然而在实际管理工作中，土地管理部门常常认为原海域使用权人并不必然是新增土地的使用权人。原因有二：第一，既然填海后形成的土地已失去海洋属性而成为土地，原海域是在履行尚未完成的作为海域使用权人的义务外，应当主要依据土地使用管理制度进行相关的开发活动，应严格按照土地管理制度确定该土地的使用权，可以确认原海域使用权人的土地使用权，也可通过招标、拍卖等方式重新确定土地使用权；第二，即使确认原海域使用权人的土地使用权，也有可能因其拟进行的建设项目不符合土地利用规划或城市规划，不能批准其该建设项目用地的土地使用权。

土地管理部门认为原海域使用权人并不必然是新增土地的使用权人，主要是因为：第一，政府拥有土地一级市场的唯一供应权；第二，用地单位必须在土地一级市场上通过严格的法定程序，如招拍挂制度，才能获得一定年限的土地使用权。如果原海域使用权人必然是新增土地的使用权人，那么在土地管理方面就开辟了另一条获取土地使用权的捷径，可以绕开当前实行的严格的土地管理制度，从而导致土地管理制度上出现一个漏洞。造成的后果是：第一，土地管理部门并未完全掌握土地一级市场的供应权；第二，填海造地的海域使用权可以通过协议方式获得，没有通过充分的市场竞争机制，导致土地市场的不公平竞争。但《海域使用管理法》中又偏偏规定了：海域使用权人可以凭海域使用权证书换发国有土地使用权证书，确认土地使用权。确权矛盾的焦点就在于此。

2. 海域有偿使用制度尚未得到规范推行

围填海造地是一种以获得土地使用权为目的的用海行为，围填海造地管理既属于海域管理范畴，同时也与土地管理工作密不可分。在实行海域使用权行政审批划拨海域中，除免缴者外，其他都要缴纳使用金。但对于划为经营海域交由市场运作的海域，其使用权出让的价格，原则上应经市场实现。要素资源是商品，当然应该有其价值和价格，要素资源的价值必须在市场交换中实现。所以，市场就成为评价要素资源价值和发现其价格的场所，价格的发现也就成为要素市场或称海域市场的基本功能之一。由此，也可以说投入市场的经营海域有价格不是定出的来，而是市场机制造成的。不过，这对于成熟的要素资源市场是这样的一个价格形成过程，但对于新进入要素市场的要素情况就大不相同，它没有一个交易的足够过程，这就需要进入市场的必要条件，其中之一即是科学评估、比照而产生的基准价格，以便作为市场开始交易的参考，并接受市场的考验和调整，使价格逐渐向要素价格靠近。还有一个问题就是海域使用权出让的市场价格和行政审批海域使论我国海域使用管理及其法律制度用金标准之间差异的处理。从趋势分析，最大的可能是同类海域其市场价格要大大高于划拨金额。如果这种趋势是一定的，这样便发生实际上的不公平、不合理，也需要国家宏观调控手段来加以协调，使之不致于过分悬殊。

3. 环境影响评价制度的法律责任缺失

环境影响评价制度实施以来，我国取得了较好的成效。经过20多年的发展，我国海岸工程建设项目环境影响评价建设项目的评价和审批逐步完善和规范，环境影响评价队伍不断壮大、水平不断提高，基本上形成了比较完善的技术和管理体系。但是，在该制度实施过程中，仍存在不少的问题，致使其执行结果不尽如人意。

《环境影响评价法》中关于环境影响评价法律责任的规定不多，且仅限于各种禁止、限制性规定，法律责任的形式也仅限于刑事法律责任和行政法律责任，没有任何民事法律责任的规定，法律责任比较抽象、简单，缺乏可操作性。刑事法律责任都是“构成犯罪的，依法追究刑事责任”。

根据《环境影响评价法》的有关规定，刑事责任的承担主体分别为环境保护行政主管部门或其他部门的工作人员、接受委托为建设项目环境影响评价提供技术服务的机构及其工作人员、和行为构成犯罪的建设项目审批部门直接负责的主管人员和其他责任人员。至于规划审批机关、规划编制机关、建设单位这些主体在环境影响评价活动中的违法行为，无论情节、后果如何，都是“给予行政处分”。这种以行政责任代替刑事处罚的法律规定很难发挥法律责任对违法行为人的威慑作用。在这些禁止、限制性的规定中，以行政处罚和行政处分比较多，往往一些具有民事赔偿性质的责任以行政处罚代替，导致民事法律责任的缺失，容易造成环境行政权力的过分扩大。

新修订的《中华人民共和国防治海岸工程建设项目污染损害海洋环境管理条例》虽然在处罚方面依照《海洋环境保护法》的规定予以处罚，但是海洋污染治理难度非常大，被污染的海洋环境的恢复在很大程度上要依靠海洋本身的自净能力来解决。以上法律对于投资上亿的海岸工程建设项目来说，罚款额度的处罚过轻，起不到威慑作用。

《环境影响评价法》第二十八条规定了环境保护行政主管部门应当对建设项目投入生产或者使用后所产生的环境影响进行跟踪检查，对造成严重环境污染或者生态破坏的，应当查清原因、查明责任，并依法追究属于为建设项目环境影响评价提供技术服务的机构以及属于审批部门工作人员的法律责任。上述规定，虽然使建设项目环境影响评价形成了一整套完整的法律程序，但是并没有明确建设单位在环境影响后评价中的法律责任。

4. 项目用海论证质量有待提高

我国的海域使用论证的操作模式包括“海域使用论证—专家组评审论证报告—海洋主管部门审批”，其中最大的漏洞主要体现在前两个环节：一方面是论证资质单位对论证工作的不负责任；另一方面是评审专家不认真的态度。

部分围填海造地项目，由于委托的论证单位的技术支撑不强或缺乏基础资料，在未能全面准确掌握附近海域的水动力和水下地形的情况下，提交了论证报告，影响了前期研究结论和工程设计的合理性，致使项目实施时不能顺利进行。如 2004 年完成的如东县洋北垦区二期围填海工程，未能准确估计到低滩筑堤时的潮流作用强度，到最后的龙口合拢时，施工一再受挫，前后耗时两年，追加资金投入6 000万元。

有的论证报告在不进行现场调查和公众调查的情况下，随意编造数据以迎合委托方的意志，导致委托方要求什么结果，受委托方提供什么结论的现象。受委托的论证单位的不负责任不仅会影响围填项目的审批，而且使围填海造地的安全性存在很大隐患。由于我国的海域使用论证的本质是可行性论证，而评审专家在听取"可行性论证"时容易忽略其"不可行性"，因而一般只对项目论证报告提出修改意见，导致"凡是可行性论证全部可行"的审核结果。

未来的围填海造地工程对科学技术的要求会越来越高，不断提高围填海工程可行性研究水平和海域使用论证质量是一个不容忽视的问题。

4.4.3 围填海造地管理体制尚未完全理顺

1. 缺乏统一规划与协调管理，行业用海矛盾普遍

由于不同的海洋资源具有空间区域的复合性和某些海洋资源类别具有开放性和流动性等，客观上造成了每一具体海区都可能同时拥有几类资源，由此必然带来不同产业部门在同一海区进行不同资源的开发活动局面，并由此发生部门之间在使用海区上的矛盾和冲突。国家为了规范各涉海行业内部的活动，制定了一系列行业管理法规，但这些行业法规较少体现与其他海洋资源开发利用方面的关系。所以，海洋管理部门仅凭《海域使用管理法》仍难以有效地协调处理行业用海矛盾。另外，我国的国家管理机构中不存在一个专门负责协调各行业之间矛盾的管理部门，使行业用海矛盾突出，成为我国围填海造地管理中的普遍现象。

(1)存在海洋功能区划制度替代海域权属管理的现象，即海洋行政主管部门制定海洋功能区划，由各涉海部门分别确认本行业的海域使用权，或者海洋功能区划内容对海域使用权的权属确认

起着决定性影响。

(2)部分海域的海洋功能区划缺乏围填海造地的统筹规划，缺乏围填海造地工程区域控制、类型控制和总量控制规划体系。海洋功能区划在控制和管理围填海造地方面规定不具体，容易造成海洋行政管理部门在审批围填海造地项目时，管理依据和管理目标不明确。除此之外，许多涉海部门根据各自发展需要编制和实施围填海造地规划，相互之间缺乏协调的机制和依据，从而造成海域开发秩序混乱。

(3)海洋功能区划与其他规划之间在围填海造地的规划管理上也存在急需协调解决的问题。现行的与海洋功能区划相关的规划有国土规划、区域规划、城市规划、土地利用总体规划及其专项规划、海洋开发规划、矿产资源规划等。我国规划体系受行政管理体制的影响，存在明显的条块分割的痕迹。各规划自成体系，与其他规划缺少协调，致使内容、职能交叉的现象普遍存在。

(4)政府统一的海洋权属管理缺失，造成海域使用问题不但没有得到有效解决，反而进一步加剧用海活动之间的矛盾和纠纷，如围填海造地与海洋产业之间的矛盾、围填海造地与自然保护区之间的矛盾不断深化。

2. 中央和地方在行使海域所有权属方面存在错位

我国的海域实行中央统一管理和地方分级管理相结合的模式，即海域所有权主要由国务院代表行使，部分授权地方政府行使。我国的海域归国家所有，但海域使用的监督管理主要由地方政府实施，由于中央和地方在追求利益上的错位，导致很多围填海工程都是先斩后奏的“三边”工程，即边干、边审批、边论证或者地方政府采用化整为零、越权审批等手法，违背中央的意志，损害了国家的利益。

中央政府代表国家的整体利益和社会的普遍利益，而地方政府代表局部利益，其执行政策的出发点是谋求本地区的最大利益。由于二者在长期和短期、全局和部分利益方面存在分歧，客观上形成了中央政府利益与地方政府利益关系的博弈格局。在计划经济时代，地方政府在权力以及利益方面居于明显的从属地位，只能绝对地执行中央政府下达的政策、指示，没有可供其运用的权力资源，因此构不成博弈关系。随着市场机制的建立，中央将部分权力下放给了地方政府，在分担中央政府调控压力的同时承担和分享起相应的经济责任和利益。此时，中央政府和地方政府利益关系的博弈就隐藏在委托—代理的博弈之下，中央政府制定政策为委托人，地方受中央委托执行政策成为代理人。

由于中央政府是从全局以及长远利益出发的，以统筹全国的政治、经济问题为目标，会更受环境、资源、社会承受能力等条件的限制，无法对地方政府进行实时实效的绩效鉴别，使得现实中地方政府扭曲执行被发现的几率很小；而地方政府若是完全服从中央意愿，在中央及全局利益得以实现的同时，自身利益可能要受损，由于在短时间内环境变化影响不大，扭曲执行成本很小。

因此，在围填海造地管理中，国家虽然对围填海造地设置了严格的审批权限，但有些地方政府顾虑到本地税收问题以及出于保护本地经济的目的，对中央的指令也不尽遵守。

3. 围填海造地存在重审批轻管理的倾向

针对近些年我国的围填海造地发展态势，国家加强了海域使用管理的审批工作，强调我国海域使用的核心管理是实行用海审批制度、海域有偿使用制度、海洋功能区划制度，特别提出各地要制定围填海总量控制指标，严格按照规定的程序进行审批工作。国家把围填海造地管理的工作重点主要放在前期的审批流程上，因而忽略了后期的管理问题。后期的管理工作不到位主要体现在两个方面：一方面是对围填海项目的监督管理不够，如围填海造地申请人获得海域使用权证书后，海洋行政主管部门没有对海域使用的情况进行必要的跟踪管理和监视，导致少批多用或改变填海用途等现象的发生；另一方面是缺乏对围填海形成的新土地的保养护理，如地方有关部门忽视对围填海造地建设的海堤的维修加固工作。

国家对海域使用权实行统一管理，并根据授权实行分级管理。

根据目前的海域管理制度，一个填海造地项目在符合海洋功能区划的前提下，需要编制海洋使用论证报告和海域环境影响评价报告，并通过海洋行政主管部门组织的专家论证后，才符合填海造地用海申请。海域使用申请根据管理权限要求，通过各级政府的层层审批，经批准后方可实施。

4.4.4　围填海造地监管体制不健全

1. 海洋主管部门监管程序不完善

(1)海域使用许可部门与海洋监察部门之间存在矛盾。

1998 年政府机构改革“三定方案”中规定，国家海洋局负责“监督管理海域(包括海岸带)使用，颁发海域使用许可证，按规定实施海域有偿使用制度”。在随后的地方机构改革中，沿海省、自治区、直辖市人民政府设立的海洋行政主管部门也均被赋予了海域使用管理的职能。《海域使用管理法》规定：“国务院海洋行政主管部门负责全国海域使用监督管理，沿海县级以上地方人民政府海洋行政主管部门根据授权负责本行政区毗邻海域使用的监督管理”。1998 年 6 月 16 日，国务院批准了《国家海洋局职能配置、内设机构和人员编制规定》，其中第五条规定：国家海洋局管理中国海监队伍，依法实施巡航监视、监督管理、查处违法活动。由此可见，我国海域使用管理实行中央统一管理体制，国家海洋局统一负责全国海洋监察工作。

围填海造地的监管体制主要包括海域使用行政监督和执法监察。行政监督的对象是各级海洋行政主管部门及其工作人员，重点是监督行政机关及其工作人员是否依法行使职权、执行政令。执法监察的对象主要是用海单位和个人，重点是监督检查海域使用管理法律、法规的遵守情况以及对违法行为实施法律制裁。

海洋监察管理是海洋行政主管部门及其海监机构为合理利用海洋资源、保护海洋环境、维护海上生产秩序、保障国家及涉海相对人的权益、依法对海洋开发活动所进行的一系列管理活动。在海洋执法监察实践中，海域使用许可部门与海洋监察部门之间存在一些矛盾和问题，如一方面海洋监察部门对非法用海者实施立案审查处理，另一方面海洋行政许可部门却为其办理合法手续。究其原因，除了审查把关不严外，主要还是受人为因素的影响。

(2)地方海监机构管理体制混乱。

目前，地方海监机构隶属于地方海洋行政主管部门，而地方海洋行政主管部门隶属于当地政府，并且行政主管部门与行政执法部门事实上合二为一，当地政府对本地区的海洋行政管理部门享有领导权，而上级海洋行政主管部门对下级海洋行政主管部门只有业务指导权。所以事实上地方海监管理部门主要听从当地政府指挥，一些地方政府领导往往在“获取政绩”的目标驱动下，作出违背海洋管理长远利益的错误决策。而海洋执法人员迫于长官意志，只好置上级的业务指导于不顾，致使海洋管理处于失控状态。这样就造成海洋管理部门上下难以形成合力，许多工作和努力由于体制及人员的因素而被稀释、消耗了，从而造成管理效率低下、效果不佳。

另外，在国家海洋局内部，中央和地方的权属划分尚未完全明确，地方各级海洋管理机构也归属不一，有属于国土资源的，有属于渔业和水产的，真正独立的海洋机构可以说还没有，从而造成既有条条管理又有块块管理的比较混乱的局面。从目前现状来看，我国海洋管理属条块分割、单项管理、分散执法的管理体制，基本上是以各行业和各部门管理为主，海洋、外贸、交通、环保、渔政、公安、海关等部门都在管理。仅海上执法就有海监、渔政、海事、海上公安、缉私等，分别属于海洋局、农业部、交通部、安全部、海关等部门，形不成一支统一的海上执法力量。分散的海洋管理体制会带来各自为政的局面，一方面难以形成海上执法“合力”，单方面的执法力量严重不足；另一方面，队伍的重复建设又加大了管理成本，造成了人力、物力的极大浪费。缺乏具有权威性的海洋综合执法管理部门，统一的组织协调能力薄弱，致使各部门各单位各自为政、职责不清。

目前的海洋管理体制带有地方性和区域性特征，并且由于各地经济发展水平的不平衡、管理理念的差异性和利益偏好的不一致，导致了各地对目前国家海洋政策的认识不同、管理行为不同，从而使国家的海洋政策得不到有效的执行。海洋资源属国家所有，具有公有性，是共享性资源，但目前我国县级上地方人民政府海洋行政主管部门主管本行政区的海洋工作，各地均把海洋行政区划内的资源视为己有，难免造成跨省、跨海区间的冲突，上级海洋监督部门鞭长莫及。另外，无偿、无序、无度用海现象没有得到根本扭转，这种状况与世界海洋有序开发、可持续发展的新时代格格不入，更不利于提高我国海洋管理在国际上的地位和良好形象的树立。

2. 国务院海洋行政主管部门的行政层级不适应

经1994年和1998年的国务院机构改革，国家海洋局及其派出机构，即北、东、南海三海洋分局由原来的国务院的直属局，改为国务院有关部委管理的国家局。国家海洋局按其职责是我国海洋综合管理职能机构，而海域使用管理法律的立法目的之一，就是为海洋综合管理提供法依据。加之海洋综合管理的性质就是国家高层次的海洋管理形态，它涵盖了海洋权益、海洋资源和海洋环境及海洋公益服务系统的建设与管理任务，其协调对象主要是国务院有关的部门，如有农业部、交通部、水利部、军队等。这样的性质任务，如果没有一个较高的组织层级是难以行使其职能使命的。经过几次国务院机构的改革后，国家海洋局的机构层次不仅没有提高，反而逐步下降为国务院部委管理的国家局，与其承担的基本任务是极不相称的，这种局面将直接影响到《海域使用管理法》的贯彻实施。

3. 沿海地方人民政府海洋行政管理部门不统一

近十几年来，沿海省、市、区人民政府先后设立了海洋管理部门，以组织管理本地方毗邻海域的海洋事务。但是，由于认识不统一、各地方的主客观条件的差异，其设立的海洋管理机构的性质、任务、层次等的差别也很大。目前沿海地方的海洋管理机构大致分为三类：一是海洋管理和渔政管理结合的“海洋与渔业（或水产）

厅、局”,如辽宁、山东、江苏、浙江、福建、广东、海南等省,此种类型占大部分;二是海洋管理和国土资源管理结合的“国土海洋资源厅”,如河北、广西等:三是专职海洋行政管理局(办),如吉林、天津、上海等。省级以下政府的海洋管理机构差别更大,主要表现在两个方面:机构名称、性质、任务不完全相同,甚至有的市、县海洋管理部门与其上一级的海洋管理机构都不一致;目前虽然相当一部分沿海县(市)级政府设立了地方海洋管理机构,但也有一些县(市)级政府未设置机构,这给全国海洋行政管理和海域使用管理法律制度的实施带来困难,同时也影响海域使用管理法律实施海域使用管理法律授权沿海县(市)具有海域使用的监督管理职责。即使通过主管权力机关的授权,由相应部门履行,也会因人员成分、装备技术条件和其他因素等,使其监督管理工作难以到位。

从保障海域使用管理法律监督部门的客观要求衡量,无论是国家的海洋行政管理部门,还是沿海地方政府的海洋行政管理机构,都还存在不少问题,如不解决势必影响海域使用管理法律的有效实施。

4.5 围填海造地管理制度不健全的原因及其消极影响

4.5.1 围填海造地管理制度不健全的原因

1. 海域权属观念淡薄

长期以来,由于受传统用海观念的影响,再加上海上产权边界的模糊性、渔业资源的流动性,使得其使用者存在着规避责任、搭便车等机会主义行为,拥挤、退化、破坏和流失国有资产成为常态。人们缺乏依法用海意识,对实行海域使用权属管理制度和海域有偿使用制度缺乏足够的认识和自觉性,甚至有抵触情绪,还存在在未取得海域使用权的情况下,非法对外出租和承包海域,使得各行业之间的用海矛盾和纠纷不能得到根本解决。

海洋的任何区域对社会的作用都是多方面的，其资源具有高度复合与共生性。这一特点为不同利用目的的海洋工程建设提供了选择的机会，但也注定不同部门、单位和建设项目在区域选择上会产生矛盾和问题。围填海工程建设涉及水利、海洋、渔业、交通、环保、农业、林业、国土资源等职能部门，长期以来，各部门之间权限交叉，甚至矛盾、冲突不断，对围填海工程审批管理分工协作、共同把关不力，使围填海工程建设呈失控趋势。并且，各部门均从自身利益出发，制定单一的海洋资源开发利用计划，对浅海滩涂所拥有的其他功能和效益了解甚少，对我国漫长的海岸线上哪些能围、哪些不能围、哪些围后要注意什么影响，都缺乏应有的了解，于是，往往某一方面的功能得到了利用和发挥，其他功能则完全被破坏。历史上，在港湾、浅海、滩涂开发涉及的农业、林业、水利、城建等部门，所出台的政策都不同程度地存在着无视或忽视资源和环境保护的倾向，从而加剧了围填海工程的不合理性和无序性。

2. 缺少必要的法律、法规和政策支持

海洋行政管理部门在协助政府解决业主间用海矛盾、处理养殖捕捞渔民补偿、维护养殖捕捞渔民合法权益等问题上，缺少有效的政策法规的支持。《海域使用管理法》只从法律上明确了海岸线是海洋和陆地的法定分界线，并未对海岸线进行界定，从而导致海岸线不确定，在实际工作中存在管理交叉或管理真空状况。海域管理的配套法律法规缺失具体包括：①对海域使用者的权利规定有缺失，如对海域使用权人的转让权、处分权设有较多限制，而对基于海域使用权的物权请求权则根本未予规定；②对有关海域使用权回收、海域使用权受侵害补偿等都缺乏相应的规定；③缺乏关于海域使用论证中的利益关系分配的规定；④海域价值评估机制不完善；⑤海域使用权市场化运作的规范（出让、转让、承包经营、招标、投标、抵押等合同和程序规则）不健全。

3. 多部门管海，职能冲突

海域管理涉及海洋、规划、国土、环保、水利、海事、航道、海关等多个政府部门。其中，海洋、国土、水利、海事、航道等部门的职能多有重叠交叉，彼此掣肘，互相牵制。这些部门在管理职能上虽有分工，但在许多方面或是争管辖、争权利，或是管理不到位、工作有疏漏，彼此之间纠缠不清，让一些用海单位无所适从。其中最主要的是海洋部门与水利部门的矛盾，矛盾的焦点是滩涂海域的管理权，水利部门根据《滩涂围垦管理条例》，坚持有权管辖，从而造成在滩涂海域管理上的混乱。另外，还有海洋部门与交通、海事、环保、国土等部门的关系也需进一步理清。如由于围填海而形成土地的，就需要凭海域使用权证书到土地管理部门换发土地使用权证书，在换证过程中的责、权、利的内容需进一步理清，以免造成权利人的义务过重与权利严重不对等。

作为海域管理的基本法，《海域使用管理法》规定的海域权属实行统一管理，按照此要求，所有海域使用的管理权由海洋行政主管部门统一行使，而不是各涉海部门的行业主管部门都参与管理。但是，海域使用管理过程中涉及《土地管理法》、《渔业法》、《矿产资源法》、《海洋环境保护法》、《海上交通安全法》等多个法律领域，一方面《海域使用管理法》与相关法律法规之间存在冲突，另一方面各海洋管理部门往往因为部门利益，在管理中形成冲突。如《海域使用管理法》与《渔业法》的冲突，突出表现在养殖证与海域使用权证的重叠发放上，这使得有些地方的渔业部门和从事海水养殖活动的单位和个人，以海域使用权证和养殖证重复为由，抵制海洋行政主管部门海域使用权证的发放。

4. 对国家海岸带缺乏综合规划和管理

海岸带管理是海洋综合管理的重要组成部分，世界各国在海洋开发早期，一般实行分部门、分行业进行管理的体制。而随着人类对海洋开发能力、规模和内容的增强与扩大，上述管理体制越来越难以适应海洋开发实践的需求，越来越多的沿海国家开始认识到需要对海岸带实行综合规划和管理。目前，我国对海岸带资源的管理基本上是传统的分工、分类管理，根据自然资源属性及其开发产业，按行业部门进行计划管理。而实践表明，这种分散多头管理的状况,远远不能适应当前的海岸带开发形势。

另外,造成我国海岸带环境恶化的原因还在于各级地方政府在发展海洋经济过程中,受不正确的政绩观的影响,没有树立起科学发展观和海洋经济可持续发展的理念,因而在指导海洋经济发展过程中,在GDP增长的冲动下,根本顾不上考虑海岸带环境保护问题。同时,我国海岸带自然环境遭受的破坏,也与沿海地区不少居民缺乏海洋知识,缺乏保护海洋和海岸带环境的意识有关。改革开发以来,我国的海洋开发步伐加快,海洋经济发展迅速,但作为海洋环境保护的必要条件——海洋知识,特别是海洋环境保护知识的宣传与普及却远远没有同步进行,致使不少渔民以及其他居民习惯于把海洋看作是天然的排污场所,毫无顾忌地向近海排污,而沿海不少企业也将大量工业废水直接倾倒入海。而各地的环保局虽然也有禁止排污的条例与检查措施,但由于种种原因,这些措施还不到位,有些地方甚至不乏以罚代管的情况。

4.5.2 围填海造地管理制度不健全造成的消极影响

围填海造地管理涉及的范围较广,具有错综复杂的社会经济关系,尤其是国家与使用者之间的关系、管理者与被管理者之间的关系、各个涉海管理部门之间的关系,都需要用法律手段来规范,建立有效的海域管理秩序。由于我国围填海造地管理制度还不够健全,海域管理法律、法规和配套规章制度体系尚需逐步完善,各省市区海域使用立法工作发展不平衡,给我国海洋资源与环境的可持续发展以及经济社会等方面带来了一定的消极影响。

(1)围填海造地面积不断扩大,过分重视经济效益而忽视生态环境效益。

对于围填海填海造地不可一概而论,如在有些具有一定掩护条件、不易受到风暴潮袭击,而且又不会对当地的自然环境带来负面影响的地方,可以根据发展的需要,在正确的规划下适度地向海洋拓展空间。但这必须是在掌握充分的地质、气象等相关资料,并经过严格论证的情况下才可以付诸实施。科学合理的围填海为城市可持续发展提供了后备土地资源，是最经济、有效促进经济发展的途径，具有巨大的社会经济效益，经济利益与社会效益驱动是围填海的原动力。

目前，大规模围填海已经成为片面追求眼前经济利益，给沿海地区经济发展带来全局长远生态经济危害的活动，有些所造成的生态经济危害已经十分严重。在环渤海地区，近年来污染面积逐渐扩大，赤潮灾害频繁发生，海岸带生态系统更是遭到了严重破坏。在大规模的围填海项中，虽然有一些是沿海建设的需要，但绝大多数都是在经济利益驱动下不顾生态破坏的短期行为。

因此，应当把生态环境与经济社会目标相结合，以实现最大的总效益。在发展经济的同时也必须着意于保护环境，而保护的目的也在于保护生产力，以便可持续地发展经济。基于此，在实际经济发展过程中，应当把发展经济放在第一位，同时又要认真保护好发展经济的生态系统这个问题。从一方面看，经济发展本身的要求是“最大的利用”，而生态运行本身的要求是“最大的保护”，两者的要求是存在矛盾的。但是另一方面，经济发展本身，不但要求当前的最大利用，同时也要求长远的最大利用，从而也就要求对海洋资源进行必要的保护，这样也就从生态与经济的结合上，把海洋资源的利用和保护两者密切地统一起来。

(2)导致海洋资源效能无法最优化，影响海洋环境的可持续发展。

海洋资源具有多样性、兼容性和丰富性等特点，因此，海域使用必须严格按照科学规律办事，才能充分发挥海洋资源的社会、经济和环境的整体效益。目前，在缺乏总体开发规划的情况下，一些海域使用管理部门不依托海域的自然条件、使用现状和对其未来发展趋势的科学论证，偏重于局部和眼前利益，延用陆地上的办法和理念管理海洋。并且由于缺乏海洋经济发展的整体观念和战略高度，致使各使用海域单位之间互相危害，从而使海洋资源衰退、海洋环境受损、海域使用综合利用效益降低，造成海域使用“无序”的局面。

单位和个人使用海域往往不考虑其合理性和实际的需要，而是“宁多勿少”，造成海洋空间资源和生物、生态资源的巨大浪费。近几年，特别在海岸线利用、滩涂围垦、无人岛的开发方面存在“过度”现象，以无人岛为例，我国海岛众多，面积大于 500 m^2 的岛屿有 6 500 多个（不包括海南岛及台湾、香港、澳门诸岛），其中约 94％的岛屿为无人居住岛屿；面积在 500 m^2 以下的岛屿和岩礁 1 万余个，但无居民岛大多资源单一，大部分岩石裸露，土壤、植被多不发育，生态环境极为脆弱，甚至一个小小的餐厅也会给海岛及周边岸滩造成严重的污染。实际上，在过去曾经尝试过的无人岛开发中，就出现过滥砍乱伐海岛森林、乱采岛礁、过度捕捞的情况。

(3)分散的管理体制导致交叉管理和管理空缺，降低了海域管理工作效率。

我国的海洋管理是在国家海洋局的统一领导下进行的分行业管理体制，实质上仍属于分散的管理体制，因而容易导致交叉管理或管理空缺。

我国的海洋管理体制原则上实施的是海洋综合管理体制，但实际上是分行业管理，如农业部、渔业局管理海洋渔业生产，交通部管理港口作业和海上航运，国家轻工业局管理海盐生产和销售，国家石化局管理海洋石油开采，国家旅游局管理海洋旅游活动等。而对于围填海造地的管理，由于涉及的行业多，则主要由国家海洋局、农业部、国土资源部、环境保护部等共同合作管理，因此受国家海洋管理体制的制约，海洋管理部门与产业部门的职能相互交叉，使得围填海造地管理工作存在一定障碍。

我国实行分级管理的运营模式，中央政府负责国家围填海造地政策和方针的制定，对全国大范围的围填海造地进行统一规划。地方政府可以在国家政策和规划的基础上，根据本地区的自然条件和社会需求制定适合本地区发展的地方法律法规和规划，由此导致了地方政府的权利过大，对中央的指令也不尽遵守。因此，我国的围填海造地管理政策和方针落实情况如何，地方政府的作用和责任占很大比重。并且我国的海洋管理公众参与主要体现在政府对公众单方面的主导关系，通过政府公告等形式，向公众公布国内围填海造地的基本信息及相关政策，但是公众参与程度低，一方面是由于公民的海洋意识薄弱，另一方面是缺乏法律和制度的支持。

此外，我国的围填海造地规划稍显粗略，且存在上下脱节的现象。我国的围填海造地规划主要体现在海洋功能区划制度中。我国的海洋功能区划可分为全国海洋功能区划、省（自治区、直辖市）和市（县、区）级海洋功能区划三级。由于海域使用方式多样，因而没有形成对围填海造地的专门且详细的规划。另外，我国对围填海造地的总体布局把握不够，尽管经过三级规划，但在如何合理指导围填海的宏观布局、提高海陆资源的利用效率等方面还存在不足。并且国家海洋功能区划往往是在考虑地方自然资源和环境条件适宜性的基础上，根据当地社会经济发展的开发利用要求而确定其功能区，而省、市、县三级功能区划的编制往往和国家的海洋功能区划编制不在同一时间段内，因而使国家和地方的功能区划存在差异。

这种分散型的部门管理和执法体制存在严重的弊端：一是部门利益至上，执法难以独立、自主、公正；二是各自为政，相互分割，执法效率不高；三是海上执法队伍不统一，执法力量分散于多个部门，导致多头执法、重复执法、执法腐败现象。

5 国外围填海造地的实践与可借鉴的管理经验

不同国家,因不同的国情,特别是不同的地理环境特征,围填海造地的原因及做法各不相同,其结果也各异。对不同国家围填海造地的历史和现状进行研究,有助于估量我国围填海造地的发展阶段;对围填海造地管理经验进行研究,有助于梳理我国的围填海管理思路。

5.1 国外围填海造地实践的历史变迁

围填海造地是海洋开发活动中的一项重要的海洋工程,是人类向海洋拓展生存空间和生产空间的一种重要手段。世界上陆地资源贫乏的沿海国家都非常重视利用滩涂或海湾造地,一是扩大耕地面积,增加粮食产量;二是增加城市建设和工业生产用地。根据各国围填海造地的成因不同可以分为生存安全需求主导型、工业化发展需求主导型、城市化发展需求主导型三种主要模式①,欧洲的荷兰、亚洲的日本以及北美洲的美国分别作为三种模式的典型代表,其经验教训值得我们重视。

① 张军岩,于格.世界各国(地区)围填海造地发展现状及其对我国的借鉴意义[J].国土资源,2008(8).

5.1.1 荷兰:生存安全需求主导型

荷兰围填海造地有近800年的历史,其规模宏大,技术要求较高,对我国实施围填海工程具有重要的借鉴作用,下面主要从地理环境概况、围填海造地历史方面分析荷兰围填海造地的情况。

1. 荷兰地理环境概况

荷兰位于西欧北部,面临大西洋的北海,处于马斯河、莱茵河和斯凯尔特河的下游河口地区,是西欧沿海平原的一部分。荷兰海岸线长约1 075 km,境内地势低洼,其中24%的面积低于海平面,1/3的国土面积仅高出海平面1 m,而60%的人口居住在低洼地区,低地生产总值占全国GDP的65%。

从13世纪至今,荷兰国土被北海侵吞了5 600多平方千米。为与洪水抗争、排除积水。防洪防潮。拓展生存空间,荷兰开展了大规模、长期持续的围填海造地行动。荷兰通过修筑海(河)堤,在通航的入海(河)口修闸坝,同时在原海底开垦农地、兴建排灌水利等举措营造和谐生态、繁荣海洋运输。目前,荷兰全国围填海造地面积达5 200 km^2,挡潮闸建筑技术水平居世界前列①。

2. 荷兰围填海造地的发展历程

荷兰围填海造地历史悠久,其围填海规模是随着排水动力设施的进步(挖沟排水—风车—蒸汽机—柴油机和电力)而进一步扩大的,具体可以分为四个阶段:13～16世纪缓慢发展时期;17～19世纪飞速进展时期;20世纪全盛时期以及21世纪以来退滩还水时期。前三个阶段主要是出于生存安全的需求,第四个阶段是为了追求与自然和谐相处。

第一阶段(13～16世纪):缓慢发展时期。

荷兰围填海造地大约于13世纪开始进行。原始的方法是选择天然淤积的滨海浅滩,用木桩及枝条编成阻波栅,围出淤积区,在区内挖分布均匀的浅沟。一年中可淤积泥沙15～20 cm,淤泥铺

---

① 黄日富.荷兰围填海拦海工程考察的启示[J].南方国土资源,2006(6).

在淤积区内,抬高地面。待整个地面淤高达 1.5 m 左右时,即在区外修筑海堤,截断海水,并排除区内积水,直至淤土露出水面,然后挖沟排水,降低地下水位,促使土壤脱盐,同时种植芦苇,加速土壤排干过程。这种做法从海中获得了土地,但进展缓慢。13～16 世纪,每个世纪只能围填海造田 300～400 km^2。同时这种围填海方式所建海堤防潮标准很低,几乎每隔 10 年会发生一次洪灾,造成财产、生命的重大损失①。

第二阶段(17～19 世纪):飞速进展时期。

进入 17 世纪,荷兰国力增强,达到历史上“黄金时代”。一方面风车得到改进,提高了排水效率;另一方面商人的投资力度加大,造地速度大大加快。除围填海外,荷兰也开始围湖,在一个世纪之内,造地达 1 120 km^2。这种排干湖泊的做法,一直延续到 19 世纪末。作为传统的排水动力的风车也逐步被蒸汽机所取代。

第三阶段(20 世纪):全盛时期。

进入 20 世纪,荷兰与水作斗争的经验更为丰富,同时也出现了柴油机和电力取代蒸汽动力,围填海、排湖造田的规模进一步扩大,具体体现在须德海工程以及三角洲工程这两个著名的工程上。

须德海工程是由著名工程师 C·雷利(CornelisLely)提出的,因此又名“雷利计划”。须德海原是伸入北海的海湾,面积 3 388 km^2,周围是陆地,只有西北部 30 km 阔的海域与北海相连。须德海工程于 1920 年开始实施,该工程是一项大型挡潮围垦工程,主要包括建立 32.5 km 的拦河大堤和 5 个垦区。拦河大堤横截海湾颈部,把须德海与外海隔开,通过排咸纳淡,使内湖变成淡水湖,即艾瑟尔湖。湖内洼地分成 5 个垦区,分期开发。每个垦区均先修建长堤,再抽干湖水,然后进行开垦种植。其中,4 个垦区已于 1927～1968 年间先后建成,共开垦土地 1 650 km^2。原计划建立 5 个垦区,但在工程实施过程中,遭到一部分主张保护生态环境的人们的反对,至今只完成了 4 个。这 4 个垦区的土地利用情况见表

① 陶鼎来.荷兰、韩国围填海造田成就斐然[J].世界农业,1996(10).

5-1。由表5-1可以看出，在开发出来的土地中，农业用地占总面积的62.9%，但在1957年以前建成的3个垦区中，农业用地所占比例远高于此数，分别为各垦区总面积的87%、87%和75%，而在60年代建成的第4个垦区，农业用地降到只占50%，而城市用地、林业用地增加，说明造地的目的有所变化，即从完全或主要为了发展农业变为社会经济的全面发展①。

表5-1　荷兰艾瑟尔湖围垦区土地利用情况（单位：km^2）

垦区名称	开发年代	总面积	其中			
			农业用地	林业用地	城市用地	基础设施用地
Wieringer-meer	1927～1930	20 000	17 400	600	200	1 800
North-east polder	1937～1942	48 000	41 760	2 400	480	3 360
East Flevo-land	1950～1957	54 000	40 500	5 940	4 320	3 240
South Flevo-land	1959～1968	43 000	21 500	7 700	10 750	3 050
总计（km^2）		165 000	103 760	16 640	15 750	11 450
各业用地（%）		100	62.9	11.1	9.5	6.9

（资料来源：华北平原农业项目考察组，赴荷兰考察报告1985.4）

三角洲工程位于莱茵河、马斯河及谢尔德河三角洲地带。1958年荷兰国会批准了三角洲委员会提出的治理方案，开始对该三角洲进行治理。该工程是一项大型挡潮和河口控制工程，整个工程包括12个大项目，1954年开始设计，1956年动工，1986年宣布竣工并正式启用，共耗资120亿荷盾。一些海湾的入口被大坝封闭，使得海岸线缩短了700 km。荷兰实施的这一工程运用了其在水利建设方面取得的新的科研和技术成果。为保护该地区的一些海洋动、植物不受工程影响而消失，在兴建东斯凯尔德（Oosterschelde）海湾8 km长的大坝时，采用了非完全封闭式大坝的设计

① 陶鼎来. 荷兰、韩国围填海造田成就斐然[J]. 世界农业，1996(10).

方案，共修建了65个高度为30～40 m、重18 000 t的坝墩，安装了62个巨型活动钢板闸门。目前，由于围垦带来的负面作用，部分围垦项目已经放弃以恢复海洋生态。

第四阶段(21世纪以来)：退滩还水时期。

围填海造地在创造巨大经济和社会效益的同时，也给荷兰带来了一系列环境方面的负面效应，主要反映在自然纳潮空间区域大大缩小、生物多样性下降、河床淤积以至影响泄洪安全、海滩和沙坝消失、地下水位明显下降、环境污染加剧等方面。为解决这些负面影响，进入21世纪以来，在保障抵御海潮和防洪安全的前提下，荷兰开始研究退滩还水计划，实现与自然和谐共处①。

(1)退滩还水计划的内容。

①国际自然基金组织将协同政府和民间环保组织制定退滩还水计划，涉及区域主要是内陆河流下游缓冲区和海洋潮水侵蚀缓冲区，面积将达1万余公顷。

②今后沿岸区域的开发活动将受到更严格的评估，以确保它们不会对荷兰海岸的恢复能力产生影响。

③研究海平面变化和沿岸的地面沉降，以及气候变化所导致的降水量的增加，减小海潮的威胁。

④进一步研究水管理的新模式，实施综合管理，同时关注水质量、环境、自然、渔业、休闲旅游、农业、航运、工业等。

(2)退滩还水计划的具体措施。

①恢复和维护自然变化的海岸线。扩大湿地范围，建造更广阔的自然保护区来缓冲由于海洋或河流水位升高而带来的冲击，抵抗恶劣的气候变化；宽阔河面不仅方便运输，也能促进自然岸线生态区的发育；保证自然岸线泥沙的自由流动，能促进新的湿地和海边沙丘的形成；通过沙的补给，扩大沿岸水冲击的缓冲范围，尤其对于新围垦的土地外缘和陡峭沿海及时、充分地补充沙源是十分有效的。

---

① 李荣军.荷兰围填海造地的启示[J].海洋管理，2006(3).

②通过养育和培育沙岛来吸引鸟类和鱼群。自1985年以来，荷兰已逐步从单纯的洪水防御到对海岸系统的保护，再过渡到创造和谐海岸，以利于多样生物的恢复。综合管理模式是对相应区域进行连续评估，以决定是否和何时何地进行修复，保证生态的平衡和人与自然的和谐发展。

③恢复三角洲作为荷兰生态核心区地位，强化海岸作为众多海洋生物栖息地的功能。荷兰人怀念曾经有过的行走海滩上就可以看到海豚和小鲸在近岸翻腾、数以千计的海豹躺在沙洲上、大鲟鱼聚集在河口附近的自然景观。他们认为这种景象可以通过海洋生态的恢复而得以实现，尤其是通过现代化渔业，培育大量生长周期长的海洋动物，这不仅使渔业受益、保障市场供应，也将促进度假、旅游业的发展。三角洲丰富的水生和湿地植物及湿地过滤河流带下来的营养物质，能够满足鱼类、鸟类和其他生物体需要，从而促进自然生态的恢复。

④增加河道宽度和流量，扩大沿岸的"开放水域"。河流的沉积物和营养物质有利于海岸系统的地貌和生态特性的形成。将河口堤坝内移，有利于宽阔湿地沼泽和泥地的形成；提高淡水区、微咸水区、盐潮汐区的生态功能，有利于航道的自然发育；同时，宽阔的河口漫滩会降低洪峰面，减轻洪水危害。

⑤扩大沼泽地，捕获来自艾瑟尔湖的沉积物和营养物质从而净化地表水，地形也会逐渐变高。这些新产生的沼泽地会充分吸收来自艾瑟尔湖的营养物质，更加洁净的水会大大促进水生植物的生长，从而有利于对水的净化。为了把水体透明度提升到1 m（目前为0.6 m），荷兰准备新建大约2 500 hm^2 的水生植物群。

5.1.2 日本：工业化发展需求主导型

从围填海造地的主要用途和类型来看，我国目前的围填海造地态势与日本20世纪六七十年代的围填海造地有很多相似之处，日本的围填海造地可为我国提供比较具有参考价值的经验。

1. 日本地理环境概况

日本国土面积狭小，山地、丘陵等约占66%左右（包括火山则占全国面积的75%），平原小且分布零散。同时，日本是世界上海岸线最长的国家之一，约3.3万平方千米，其曲折的海岸除了形成众多优良港湾有利于海运业和对外经济的联系外，更便于沿岸填海造地。

2. 日本围填海造地的发展进程

日本围填海造地的规模是随着工业化的发展而不断发展壮大的，具体可以分为三个阶段：

第一阶段（11世纪～1945年）：自然发展时期。

日本早在11世纪就有了填海造地的历史记录，并贯穿于工业化发展的始终。据史料记载，仅冈山县一地，在16世纪末就将鹿儿岛湾填埋了90%，围垦出了上万公顷的良田。在明治初期（17世纪中后期）已开始在京滨工业地带的鹤见、川崎地区填海造陆，修建大工厂。从明治、大正到昭和20年（1945年），全日本临海造地约14 500 hm^2。东京湾、大阪湾、伊势湾以及北九州市等都以各自原有的港口海湾为中心填造了大量土地，形成了支撑日本经济的"四大工业地带"。

第二阶段（1945年～20世纪70年代）：工业化发展壮大时期。

从20世纪50年代末起，日本步入经济高速发展期，各种工厂和工业大量涌现，但是由于国土面积狭小，缺乏可供使用的土地，日本的填海工程也进入了一个新的阶段。20世纪60年代以来，日本政府把经济发展的重心从重工业、化工业逐步向开发海洋、发展海洋产业转移，推行"海洋立国"战略①。日本政府在1962～1969年间两次制定了新产业都市和沿海工业发展区域规划，统一进行了工业布局，通过填海造地，在沿海建立了24处重化工业开发基地。到了工业化后期，日本的围填海造地工程仍然富有吸引力，其主要原因一是大陆地产价格昂贵；二是旧城区缺乏改造发展所必

① 吕彩霞. 世界主要海洋国家海洋管理趋势及我国的管理实践[J]. 中国海洋报，2005(3).

需的基础结构和设施，导致在内陆进行建设成本很高。相比之下，围填海造地的造价反而低廉，促使工业化对围填海造地仍有需求。到 1978 年，日本人造地面积累计约达 73 700 hm^2，在太平洋沿岸形成了一条长达 1 000 余千米的沿海工业地带①。

第三阶段（20 世纪 70 年代以来）：结构化调整时期。

进入 20 世纪 70 年代后期，日本的围填海造地开始进行结构化调整，填海用途逐步转向第三产业，并开始更多地考虑围填海造地的环境影响和综合效益，围填海造地的规模和速度相对五六十年代都大大减小。1979～1986 年全日本围填海造地的面积大约为 13 200 hm^2。90 年代以后，由于日本经济增长的放缓，以及人口的负增长，对土地的需求趋于平缓，政府及社会各界对围填海造地造成的海洋生态环境影响也日益关注，日本的围填海面积总体成逐年下降趋势，特别是工业用填海造地面积下降最为明显。至 2005 年，日本围填海总面积已经不足 1975 年的 1/4，每年的填海造地面积只有 500 hm^2 左右，且主要局限在码头填海，所占面积超过 70%，工业、住宅和绿化用地的填海面积已不足 1975 年的 2%。

进入 21 世纪，日本政府制定了海洋开发战略计划，并采取了许多具体的措施，于 2001 年提出了后 10 年海洋政策制定框架，在当年的日本内阁会议批准的科技基本规划中，海洋开发和宇宙开发被确立为维系国家生存基础的优先开拓领域。

日本的神户人工岛、六甲人工岛和关西国际机场工程是世界上有名的围填海造地土程。神户人工岛位于兵库县神户市南约 3 km 的海面上，呈长方形，东西长 3 km、南北宽 2.1 km，总面积 4.4 km^2，是世界上最大的一座人造海上城市。为了适应神户港经济贸易不断发展和港口货物吞吐量日益增长的需要，1966 年神户人工岛工程开工，共投资 5 300 亿日元（约合 26.4 亿多万美元），共填海 8×10^7 m^3，历时 15 年，于 1981 年建成。在修建神户港人工岛的同时，神户市于 1972 年开始，又用了 15 年的时间，建造了总面积为

① 考察团.日本围填海管理的启示与思考[J].海洋开发与管理，2007(6).

5.8 km^2 的六甲人工岛，并建有一座高 297 m 的世界第一吊桥，把人工岛与神户市区连结起来。

由于大阪周边用地吃紧，1989 年日本政府再次决定通过填海造地修建年客流量高达 3 000 万人的世界级机场，通过 5 年的填海工程，用 1.8×10^8 m^3 的土方，在原先水深达 17～18 m 的海里填出 5.11 km^2 的机场用地。该项工程耗资 14 085 亿日元(约合 130 亿美元)，于 1994 年正式投入使用。为了满足需要，日本又通过填海把机场岛面积扩大到 13 km^2，工程于 2007 年完工。仅这一个项目，日本的国土面积就增加了 13 km^2。日本还有一个庞大的计划，用 200 年的时间，环绕日本建造 700 个人工岛，以实现扩大国土面积 11 500 km^2，解决日本经济发展的需要。

在过去的 100 多年中，日本共从海洋索取了 12 万平方千米的土地，其沿海城市约有 1/3 土地都是通过填海获取的。这些新陆地为日本工业腾飞提供了位置优越的建设用地。但是在获得巨大收益的同时，大肆围填海造地发展工业经济也给日本带来了巨大后遗症，如沿海滩涂消失、海洋污染等。特别是以谏早湾湿地为代表的大量湿地生态系统的消失，引起了日本国内有关潮滩保护和公共工程改造的争论。

5.1.3　美国:城市化发展需求主导型

1. 美国地理环境概况

美国东临大西洋，西濒太平洋，海岸线全长 2.27 万千米。在美国 50 个州之中，有 30 个州与海洋为邻。人口的增加和城市化的推进，使沿海区域城市面积和沿海休闲度假区扩张很快。所有沿海城市道路两侧布满了餐馆、加油站、汽车推销点，建成区以空前的速度在扩展。许多海岸带区也是主要旅游区，因而在旅游季节到的人口也很多。同时，由于沿海居民富裕程度高于全国平均水平，车、船都多，加大了对土地的需求，也消耗了更多的资源。一些沿海大都市消耗土地的速度比居民增长速度要快 10 倍。

2. 美国填海造地的历史进程

美国是一个海陆兼备的国家,人少地多,真正的围填海造地现象并不突出,但是由于其沿海区域聚集了全国一半以上的人口,所以沿海城市发展迅速,海岸带开发趋势较为明显,可以称之为围填海造地的前期阶段①。

(1)美国近代围填海造地工程——以波士顿为例。

①19 世纪 30 年代的作坊海塘填海工程。

随着波士顿城市的扩展,突出在城市中心的“三山”地势并不适于居住,于是从 19 世纪初开始,位于市中心的弗农山、灯塔山、盘波顿山被慢慢削平,铲出的土石就用来填充了北湾的作坊海塘。填充作坊海塘而形成的土地将北湾与波士顿其他部分紧密结合在一起。当时著名的建筑师查尔斯·布尔芬奇(Charles Bulfinch)设计了这个区域的街道布局,并且亲自参与设计了社区的房屋建筑,其中著名的民居建筑现在已经成为游览胜地。

作坊海塘的施工面积在所有填海工程中是面积最小的,但对波士顿城的发展有着重要的意义:一方面是三山的削平,平坦的地势改善了居住条件;另一方面是填充出来的作坊海塘地区又提供了城市扩展的新土地。

②大湾和南湾的填海工程。

大湾构成了波士顿金融区的大部分,南湾现在则是中国城和新英格兰医学中心,一共增加了波士顿最初土地面积的 60%。大湾沿海原本是一系列船坞码头,是波士顿除了南端狭长的陆路之外与外界联系的主要通道。经过围填海造地之后,这片新增的土地造就了波士顿这片在美国经济中举足轻重的金融区。

继之而起的南湾填海从大湾的南端开始,一直延伸向南,将原本狭长的陆路通道扩展开来,从而彻底解决了波士顿半岛交通的困难局面。后来从美国西岸搬迁来的中国移民在南湾逐步形成了中国城。新英格兰医学中心和塔夫茨大学的医学部也坐落于此。

---

① 于格,张军岩,鲁春霞,谢高地,于潇萌.围填海造地的生态环境影响分析.资源科学,2009(2).

南湾已经成为波士顿深度开发的重点区域。

③西湾和后湾的填海工程。

西湾的填海工程将作坊海塘填海的区域继续向北推进，增加了波士顿原有土地面积的40%。如今，美国著名医学重镇麻州总医院就坐落在这里，濒临查尔斯河畔的蚬壳露天剧场也在西湾填海造出的土地之上。

后湾是波士顿最后的一项填海工程，也是几次填海工程中规模最大的一次，其填海面积为230.67 hm^2，比波士顿原先的整个绍穆特岛还要大许多。后湾的填海工程完成以后，波士顿的地貌格局也就大致底定。经过这四次，尤其是最后的后湾工程，波士顿的面积扩大了两倍以上，原先查尔斯河的河口深入到后湾区以西的水镇，而新增加的土地正是波士顿赖以发展的空间。如果将波士顿和世界上许多大城市相比，很容易发现：一般城市的发展都有一个地域逐渐扩张的过程，但是通过填海造地，而且填海面积达到原先面积两点五倍以上的城市，则是很少见的。

(2)美国现代填海造地工程。

20世纪60～80年代的20多年间，纽约、迈阿密、檀香山等城市，新填扩了数百平方千米的城区。纽约伊丽莎白港就是在3.72 km^2 的沼泽地上填筑起来的。

关于围填海造地、建设海上城市，美国的研究人员也提出了很多构想。美国世界城市公司的专家所设计的海洋城市，其结构与船体结构相似，里面有商店、学校、游戏场所和家庭住宅，人仅靠步行而不用坐车就可到达城市的任何一个地方，从而避免了交通拥挤；城市的废物可以反复循环利用；将利用太阳能、风能发电供城市用电，并建有工厂和小型机场，以方便与陆地城市联系。美国海洋建筑研究所也制定了规划：在旧金山近海水域建造海上城市，主要用于居住，并通过海底隧道和海上桥梁与洛杉矶市区相连，方便人们购物、工作。

5.2 荷兰、日本、美国对围填海造地的管理

5.2.1 荷兰对围填海造地的管理

1. 管理机构的设置

在荷兰，中央政府负责海洋政策的制定和荷兰境内大陆架地区的管理，并建立了一种各界广泛参与以及把政府、研究机构和利益集团联系在一起的有效决策系统(图 5-3)。最高决策机构是一个部长委员会，其中包括运输和公共工程部长、外交部长、经济事务部长、自然资源规划和环境部长、农业和渔业部长、财政部长，并由首相担任委员会主席。该委员会由一个特别议会委员会和一个由工业界、科学界组成的非政府咨询委员会为其提供咨询。具体的咨询工作由北海事务协调部协调。部门间委员会(由 13 个部门的高级官员组成，通常由前首相担任主席)在为部长委员会做准备工作方面起了很重要的作用。委员会按照协商一致的原则作出决定。荷兰模式是目前最复杂和最具参与性的模式。科学家被有机地纳入了决策制定过程，虽然只是起咨询作用。该系统是逐步建立的，从 1977 年运输和公共工程部部长被任命为北海事务协调部部长以及建立部长委员会开始。特别议会委员会和非政府咨询委员会是 1982 年增设的。

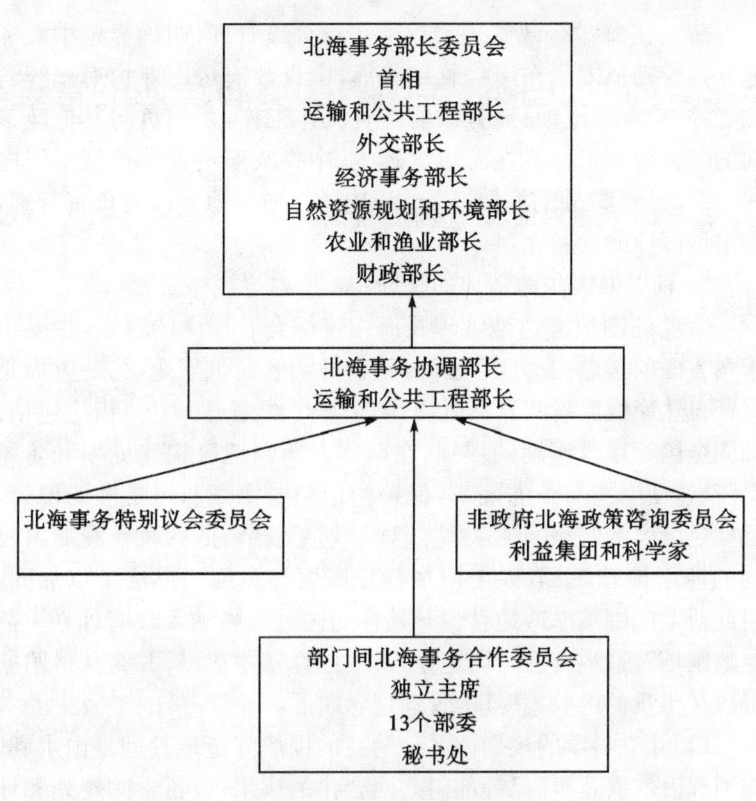

图 5-3　荷兰管理机构

1998年荷兰还建立了国家层次上的海洋协调管理机构IDON(Interdepartmental Deliberations over North Sea),主要负责协调、审议各部委制定的有关北海的政策、指令和法律。IDON下设六个部门:交通运输、公共工程和水管理部,国防部,经济事务部,农业、自然管理和渔业部,外事部和空间规划部,分别负责海上运输,海监、油气开采、海洋渔业和生态保护,涉海事务和海洋规划等海洋事务管理。其中国家空间规划机构提出了一系列海洋发展目标:保持北海生态系统的活力;在不损害生态环境的前提下,将海域使用纳入经济用途;协调经济用海等。这是荷兰海洋发展的基本战略规划。

荷兰在海洋行政管理过程中实行分级管理，明确界定中央和地方的管理范围。在岸线管理方面，中央政府负责保护海岸线的位置，防止海岸侵蚀；地方政府负责具体工作，并担负与其他政策间的综合协调工作。在海域管理上，中央政府负责管理低潮线向海一侧 1 km 以外的海域；1 km 以内的海域由地方政府负责管理，制定地区性的发展计划。

2. 荷兰对围填海造地的管理

荷兰的围填海造地管理是海岸带综合管理中的重点，主要出于两方面的考虑：一方面是保障抵御海潮和防洪安全，另一方面是保证自然岸线泥沙的自然流动，防止海岸线缩退。具体措施包括：加固全国海岸与河湖的堤坝，在南部三角洲地区构建堤坝和防风暴障壁，使海湾与外海隔离，保护内地免受海潮和风暴潮的侵袭，也就是著名的"三角洲工程"。对于宽度较窄、抵御风暴潮能力较弱的海岸沙丘，采取人工增加沙丘高度和宽度的办法予以加固。自此荷兰的围填海造地管理开始作为国家战略纳入政府计划。荷兰的围填海造地管理延续至今，发展已经基本成熟，并为其他国家提供了宝贵的经验，其基本管理理念如下：

(1)建立科学的规划体系。荷兰的围填海造地管理是由水利、交通、建设、农业、环保等部门共同合作的成果，以科学的规划和计划管理来协调涉海部门的利益，实现国家的战略目标。目前，荷兰全国已经建立了综合湿地计划、海岸保护规划、海洋保护区规划、水资源综合利用规划和三角洲开发计划等。

(2)注重经济、社会、生态效益兼顾的原则。政府的围填海造地决策首先是出于对国土面积和社会发展需要的考虑，并尝试将社会保险、保障、福利、制度等效用与工程收益有机地交融在一起。其次，对围垦土地进行基础设施投资，鼓励产业经济的发展，提高经济效益。另外，荷兰在围填海造地管理中注重生态效益的发展，1990 年在须德海大堤工程和三角洲工程接近竣工尾声时，荷兰政府制定了《自然政策计划》，即退滩还水计划。该计划的目的是将围填海造地的土地恢复成原来的湿地，以保护受围填海造地的影响而急剧减少的动植物。

(3)建立围填海造地评价技术体系。荷兰除了通过建立海岸、波浪、海底地形、行洪安全、潮汐等数学模型和物理模型对围填海造地进行各方面的综合评价外,还对围填海造地及海岸工程施工和营运期进行综合损益分析。另外,还建立了围填海造地后评估技术体系,有效规范围填海造地管理,为以后的涉海工程建设提供经验和借鉴。

5.2.2 日本对围填海造地的管理

日本是一个群岛国家,陆地资源匮乏,日本政府认为围填海造地增加了国家的生存空间,是日本未来发展与否的关键。因此,日本的国家经济发展计划和政策为工业发展提供了优先权,在一段时间内,为工业用地进行的围填海造地规模和速度都达到了前所未有的程度。但是大量的围填海造地使得沿海的生态环境遭到了严重的破坏,不仅对渔业资源造成破坏,同时也破坏了自然海岸以及风景区。面对这一系列的问题,日本不得不通过立法管理和政策控制,尽量减缓或停止围填海造地发展速度,恢复沿岸的自然环境。

1. 管理机构的设置

日本设有全国统一的海岸带和海洋管理的职能部门,涉及围填海造地管理的部门包括运输省、建设省、环境厅、国土厅。运输省除了负责日本的海上运输、海上交通安全以外,还负责港湾建设及管理方面的工作,以及制定与此相关的法规和海上执法工作;建设省主要负责沿岸海域的保护及开发利用、发展沿海空间、制定海岸带开发利用的有关法规和规划;环境厅主要负责全国海洋环境的监测及管理,拟订全国的海洋环境保护、海洋生态保护与建设的规划,为海域使用管理提供技术支撑;国土厅负责制定海洋开发宏观计划,管理全国海洋国土的开发和海岸带的开发利用,制定海洋国土开发利用有关的法律法规。

2. 立法管理

日本大量的围填海造地改变了海湾面积和自然条件，对海洋自然环境和渔业生产都产生了重大影响。为了减少这些不利影响，日本政府于1921年颁布了《公有水面埋立法》，建立了围填海的许可、费用征收和填海后的所有权归属等管理制度，规定任何公有水面填埋活动都必须获得都道府县知事的许可。都道府县知事只有在确认填埋工程符合下列事项后，才能签发许可证：①必须符合国土的合理利用，布局合理，规模适当；②充分考虑环保和防灾的要求，必须符合国家和地方的土地利用和环境保护规划；③申请者要有足够的资力和信用，围填海项目应具有明显的综合效益。同时，该法还对填埋权人享有的权利和义务、填埋权的转让和继承、填埋许可费用等作了详细的规定。此外，该法还规定用地单位对渔民造成的损失要进行必要的经济赔偿。

1973年通过了《公有水面埋立法修正案》，加强了对围填海用途与环境影响审查等方面的要求。依据该法，任何围填海行为都必须事先获得都道府县知事的许可。该法中对准予许可的条件也作了列举性规定，如应符合国土合理利用及环保和防灾的要求、申请者要有足够的资力和信用、围填海项目应具有明显的综合效益等。同时，该法还对填埋权人享有的权利和义务、填埋权的转让和继承、填埋许可费用等作了详细的规定。

日本对围填海造地的审批流程和合理性审查控制得非常严格，主要包括以下几个流程：①项目申请人必须对项目进行环境影响评价并完成利益相关者之间的协调后，才能向都道府县知事提出申请；②都道府县知事对申请材料进行审查，审查通过后，通过公示征求公众意见，接着再征求项目所在村、街基层管理部门、海上保安署、环境保全局、地方公共团体和其他相关机构的意见，并对意见作出评价；③作出关于利益相关者处理、填海范围与面积、公共空间保证、围填海收费、施工与使用年限等的许可决定，向国土交通省提出许可认可申请；④国土交通省对许可认可申请进行审查，向都道府县知事出具认可意见。如果填海面积在50 hm^2 以上，国土交通省在出具认可意见前，需要征求环境省的意见。都道府县知事根据认可意见向申请人发放填海许可证。

日本对围填海工程环境影响、利益相关和公众意见分析等评价的流程:项目发起人委托有信誉的技术单位编制评价报告,再分别送至授权的第三方组织和环境厅长,由他们对评价报告进行审查。环境厅长会向第三方组织表达其对评价报告的意见,而后由第三方组织结合环境厅长意见向项目发起单位陈述审查意见。项目发起人根据这些意见做出最终的评价报告,分别报送到都道府县知事、市町村长官和项目权威代理机构,作为向国土交通省提出填海许可认可申请的依据。

日本围填海的组织实施及成地后的所有权归属分为两种情况:一种是企业和个人获得填海许可,由其组织填海工程,成地后的所有权归企业和个人所有;一种是由政府获得填海许可,通过融资和工程委托等途径组织填海,成地后进行市场拍卖,企业和个人拍得土地后获得所有权。无论哪种方式获得土地,都必须按填海许可中规定的用途进行开发。

从日本的围填海造地有关法律可以看出,日本政府对围填海造地的行为没有明显的政策倾向和行政干预,对围填海造地工程也没有采取鼓励或限制等政策措施,而是履行严格的审批手续,主要是对项目必要性、设计的合理性及对环境的影响等进行严格审查。

3. 规划管理

日本除了从法律上加强对围填海造地的管理外,还注重对围填海区域的整体规划。

第一,国家制定沿海地区发展的总规划,划定重点发展地区,并明确整体功能定位①。由于早期日本的围填海造地主要用于产业发展,因此国家对产业的支持政策客观上对围填海造地的空间分布起了引导作用。日本在20世纪60年代曾两次在东京湾、大阪湾、伊势湾以及北九州市一带制定了新产业都市和沿海工业发展

① 考察团. 日本围填海管理的启示与思考[J]. 海洋开发与管理,2007(6).

区域规划，统一进行沿海工业布局，明确了都市带和工业带的规划位置和范围。这两次产业规划引起了以港口海湾为中心的大规模的围填海造地，从而形成了支撑日本经济的四大工业地带。而在这些规划的都市和产业带之外的海岸上却很少有大规模的围填海工程。

第二，对于重点发展地区进行系统的空间规划，包括相邻城市的总体规划、港湾发展规划和海洋功能规划等。对产业集中的海湾进行统一规划，将其海岸带分成几个基本功能岸段，明确岸段界限，并对每部分岸段的周围填海域进行基本功能定位。围填海项目根据自身用途选择相对应的基本功能岸段，按照规划进行空间布局。

第三，对相应的基本功能岸段内的单个围填海项目进行平面规划。平面规划的主要内容包括工程用海面积、地理位置与布局、外轮廓形状、结构形式和主要区块功能等。根据平面规划，建议围填海项目选择人工岛或顺岸分离式等围填海方式。日本的围填海项目平面规划的理念体现在围填海过程的各个环节中，实现了对海陆资源的合理利用和与其他项目之间的功能协调。

尽管日本的围填海造地现象严重，但由于政府对围填海造地的合理规划，使得日本在长期的围填海活动后，仍然保持着有序的围填海布局和较大的发展空间，各围填海项目在岸段功能区内不存在功能穿插现象。在东京湾、大阪湾等围填海比较严重的区域，仍然留有较广阔的围填海拓展余地。

虽然日本对围填海造地的规划管理比较到位，但对海洋环境的考虑却不够周全。由于围填海造地活动对水动力的影响比较大，再加上环湾产业带的倾废，导致围填海海湾的环境污染严重。如东京湾由于海水水质恶化，“蓝潮”频发，不得不推行“东京湾再生行动计划”；大阪湾的情况尤其恶劣，大规模的围填海造地导致海涂几乎消失。另外，围填海工程造成海底的砂土大量削减，海底出现10多个低洼坑地，其中面积最大的约126 km^2，深度约达12 m。为了解决大阪湾的海域环境问题，大阪湾开发推进机构被迫实施“大阪湾再生行动计划”。

4. 设计管理

日本对围填海工程的平面设计具有以下特点：以人工岛式居多，自岸线向外延伸、平推的极少；在围填海布局上，工程项目内部大多采用水道分割，很少采用整体、大面积连片填海的格局；在岸线形态上，大多采用曲折的岸线走向，极少采用截弯取直的岸线形态。

人工岛式围填海工程的平面设计，虽然会增加填海成本，但在提高海洋资源利用效率，提升区域资源、环境和社会协调性方面具有十分明显的优点：

第一，增加了海洋价值。如果采用岸线向外延伸、平推的方式，大面积连片填海，填海造地所实现的价值仅仅是海洋面积换成陆地面积的价值，这种价值是单一的。如果采用人工岛方式的填海造地，不但可以增加更多高价值的沿岸土地，还可以在人工岛之间的水道和人工岛岸线上进行海上交通、旅游观光、海水利用等多种海洋开发活动。因此人工岛式填海造地所实现的不仅仅是陆地面积的价值，还增加了人工岛水陆兼备的潜在价值，这种价值是复合的，是对海洋功能更充分的利用。

第二，增加岸线资源。海岸线是海洋经济开发活动的重要依托，是宝贵的空间资源。自岸线延伸、平推式的围填海方式把原有海岸线从里侧移到了外侧，不会大幅度增加岸线，在一些海湾区域甚至会减少岸线。而采用人工岛式的围填海，加上曲折的岸线设计，在不削减原有岸线的同时，还会大量新增岸线，甚至新增港口岸线。

第三，减少对环境的影响。围填海不可避免会对海洋环境造成影响。人工岛式和顺岸分离式的围填海因为水道的存在，在一定程度上仍能维持水体交换和海洋生态系统，以及在美化景观和小气候调节等方面的海洋功能，因此对海洋环境影响相对较少。

第四，减缓用海矛盾和冲突。人工岛方式填海造地因为不损毁原有岸线，可最大程度减小对原有依托岸线的经济开发活动的影响，加上岸线长度的增加，可显著减缓用海冲突。

5.2.3 美国对围填海造地的管理

1. 海域使用行政管理体系

美国是世界上实施海洋综合管理最早的国家，早在20世纪70年代初期，美国就通过了《海岸带管理法》，并建立了国家管理海洋及资源、保护海洋、设有制定国家海洋政策、参与国际海洋事务和合作的政府独立机构——海洋大气管理局(NOAA)。美国是联邦制国家，这决定了美国在海域使用管理方面采取中央和地方相分权的形式。根据美国有关法规规定，离岸3海里内海域由沿海各州负责立法，实施管理。自3海里以外到200海里的专属经济区由联邦政府负责，按职责分工由各联邦行政机构执行。州政府在3海里内有“绝对”的管辖权，包括所有的海洋生物和矿物资源。这一授权包括在其辖界内管理、租赁、开发和利用土地自然资源的权力，对海下底土及其自然资源的开发与利用收取租赁费和税赋。但涉及州辖海域水面的航行权、贸易权、国防和国际事务权则统一由联邦政府行使。目前已在沿海州建立了州级海洋管理机构和地方海洋管理机构，形成联邦、州和市县地方政府三级海洋管理体系。

在联邦一级，海洋职能管理部门是国家海洋大气局(NOAA)，另外涉及海洋管理的部门还有运输部、内政部、能源部、国防部及国务院等部门。为加强领导、协调，根据美国《海洋资源与工程开发法》，成立了“海洋科学、工程与资源委员会”，负责评价已有的海洋活动，并提出国家海洋规划和政府规划建议。根据美国国会2000年8月通过的《海洋法令》，成立了“国家海洋委员会”，主要负责审议制定美国新的海洋战略，协调跨部门、跨行业的海洋事务。

2. 海域使用管理法规体系

美国具有比较健全的海洋法规体系，涉及海洋的法律、法规多于世界上任何国家，根据联邦管辖权限制定的法规如下：

《水下土地法》，确定沿海各州对距离海岸3海里的领海范围内的水下土地及其资源的管理权利，建立水下土地及资源的使用和控制原则。《外大陆架土地法》，为实施对《水下土地法》所确定沿海各州管辖之外的水下土地及其上覆水域的政策。该法规定，3海里范围以外的大陆架油、气资源由联邦政府——主要是内政部管理，包括发放矿物资源开采许可证等；授权内务部长向出价最高的可靠投标人出让含油、气、硫的区块。《海岸带管理法》，确定了美国海岸带管理的政策和目的：保护、保全、开发并在可能条件下恢复和增加海岸带资源；鼓励和帮助各州通过制定海岸带规划而有效地履行职责，以便在考虑到生态、文化、历史、美学及经济发展需要而合理开发利用海岸带资源。该法还确立了联邦政府通过财政资助、政策导向等途径对沿岸州政府管辖的沿岸和海域的决策进行干预的体制。根据该法的规定，海岸带管理职责主要由沿海各州承担，主要通过海岸带管理规划进行管理，而联邦政府的海岸带管理规划则为各沿海州的海岸带活动提供了指导原则和政策框架。《海洋保护、研究和自然保护区法》，目的是保护和恢复在生态、娱乐方面具有重要价值的海域。1988 年美国又制定了《美国海洋自然保护区规划条例》，确立了国家海洋自然保护区规划的任务，即发现、选定和管理那些由于它们的保护、娱乐、生态、历史、科研、教育或美学质量而对国家具有特殊意义的海洋环境区域。《深水港法》规定了联邦政府对领海以外的深水港实施管理的主要职责。《渔业养护和管理法》，规定联邦政府管理和控制 200 海里专属经济区内和区内大陆架上的生物资源。其他的相关海洋法规还有《深海底硬质矿物资源法》《海洋保护区法》《海洋哺乳动物法》《石油污染法》《海洋热能转换法》《清洁水法》和《濒危物种法》等。

3. 海域使用管理政策

(1)分级管理政策。

美国海岸带和海域使用管理的法定责权由地方、州和联邦各级政府的机构和实体负责。由于美国是个州的联邦国家，州具有极大的自主权，海岸带管理法主要是由州一级来执行，联邦的法规为各州制定条法和规划提供基础。目前 39 个沿海州及行政区内的34个已拥有自己的沿海项目，占国内海洋及五大湖地区岸线总长度的99%。就联邦一级而言，海域使用和海岸带管理由国家海洋大气局所属的海洋和海岸带资源管理办公室执行。州一级管理机构的主要职责是组织拟定和实施本州的海洋与海岸带管理条法和规划；审核涉及本州海域使用和海岸带的社会经济活动的可行性，决定发放许可证；组织各种听证会，听取公众对重大海域和海岸带开发活动的建议。在管理范围方面，主要分界线是向陆地一侧3海里水域及其海床、底土归各州，3海里以外归联邦。在管理权限方面，联邦政府主要控制所有海域内的国防、跨州商业贸易、海上交通等事务，其他归各州政府管理。

(2)资助和补助金鼓励政策。

为了鼓励沿海各州与联邦和地方政府合作制定并实施各自的海域使用和海岸带管理规划，美国依据《海岸带管理法》和《国家海洋补助金学院计划》，设立海岸带管理补助金和基金，用于处理各州诸如提高政府决策能力及保护自然资源等具体的管理工作。目前已有29个州自愿参加联邦的海岸带管理规划，从而得到联邦政府的资助。另外，在海洋渔业管理方面，为了控制近海捕捞强度、保护渔业资源，美国联邦政府自1995年起，每年拨款2 000万美元用于向渔民购买捕捞能力强的渔船；联邦政府还建立了一项基金计划，每年融资2 000余万美元，引导渔民转产捕捞低值鱼或转产搞养殖生产。为了鼓励发展海洋运输业，联邦政府无偿提供资金建造船舶，并提供津贴、低息贷款及免交税款。

(3)广泛的公众参与政策。

由于同海域资源区与公众的利益关系休戚相关，因此海域使用规划必须与当地地方团体、国内公司、私营企业以及其他公共利益团体进行协商。各地区采取研讨会、正式的公众听证会、调查表、报纸、广播、宣传材料及通信等方式，开展公众宣传教育，并要求公众广泛地参与进来。虽然制定的管理规划有公众参与，但当地的意见不能单独决定在何处并以何种方式实施海域的开发。当地居民与州内机构、联邦机关、私营企业、国内公司或环境组织在海域开发的目的方面不可避免地会产生一些分歧，州和联邦政府则负责公正地协调各种利益。

(4)海域使用管理制度。

①规划与区划及环境评估制度。

联邦政府要求各州在海域使用前必须制定海域使用规划和区划，包括确定管理规划的组织体制，地方、区域、州级机构在管理过程中的各自职责和相互关系；确定海岸带陆侧与海域的管理边界；提出企业和私人海域利用的目的、政策和标准等；规定海岸带范围内的陆地和海域所允许的用途；制定特定区域（包括不优先特有使用）利用的优先顺序的主要准则；明确海滩及海域界标，提出进入公有海滩和海域的规划途径；估计海岸侵蚀的影响，研究和评价控制或减轻侵蚀影响的方法；确定可能设在沿海或对海岸带产生重大影响的能源设备的规划方案，标明具有特殊使用价值的环境（如自然保护区、野生动物栖息地和建港地区等）；明确禁止和限制捕捞的区域和期限，或仅供特种类型或规定数量的渔船或渔具捕捞的区域和期限，还要有全面的区划，把计划捕捞的区域再分为子区，为每一个子区确定具体的用途。

②颁发许可证制度。

海域使用许可证制度是美国联邦政府海域和海岸带使用管理的主要措施之一，联邦政府授权州一级机构制定海域使用许可证计划，规定对海岸带水陆利用有影响的任何活动都应当获得许可证或执照。加利福尼亚州《海岸带条例》还规定，在海岸带从事任何开发活动，除应获得法律规定的各种许可证外，还应当获得海岸带开发许可证。

③海域有偿使用制度。

海域有偿使用也是美国管理沿岸海域的基本制度和有效手段之一，在海域使用方面征收多种费用，如区块租金、招标费、产值税等，仅区块租金联邦政府每年的收入就达 2 000 余万美元。美国在海岸带开发利用中，根据使用的地理位置不同，采取不同的收费标准。在滨水区，平均高潮线向水一侧开发许可证依据 CAFRA(《沿海地区设施审查法》)制定收费标准;对于在平均高潮线向岸一侧的开发工作,采用依据《淡水湿地保护法条例》许可证所规定的收费标准;在有潮水域根据《1970 年湿地法》许可证制定收费标准。

尽管美国在海洋事业上取得了一定的成就,但包括美国国会在内的各级机构,一直效力于修改制定新的海洋管理政策。美国新海洋政策确定了一系列必要的变革,包括创立改善决策的新的国家海洋政策体制;增强科学实力,生产向决策者发布通告的高质量信息;加强海洋教育,向未来的领导者和公民灌输管理经营理念。由此可见,美国的海洋工作将不断强化。

5.3 中国与荷兰、日本、美国对围填海造地管理的比较

5.3.1 中荷比较

1. 围垦原因不同

我国与荷兰的围填海造地历史存在着很大的不同。荷兰进行围填海造地在 20 世纪 50 年代以前是为扩展居住空间而进行的,20 世纪 50～70 年代末是为防洪安全而进行的,1979～2000 年是为安全和生态保护而进行的。这与我国首先为农业发展,继而为工业发展,再而为第三产业发展而进行围填海造地的过程大相径庭。这种差别主要是由两国的地理和自然环境不同而造成的。

2. 管理体制相似但运行方式不同

尽管荷兰的围填海造地历史悠久、规模庞大,但荷兰并没有设立专门的围填海造地管理机构。荷兰的海洋管理是由国家海洋管理局统一协调进行的,但整个海洋管理系统式以分散的方式运行。围填海造地管理是在国家海洋机构 IDON 的管理下,由其下属的不同行业管理部门进行合作管理,其中包括水利、交通、建设、农业、环保等部门的共同合作,这与我国的管理机制存在相似之处。

但荷兰建立了围填海造地综合规划管理系统，由地方/市政、地区/州和国家级管理机构组成。这样分散的运行方式不但没有削弱国家统一管理的功能，而且形成了相辅相成的管理体制，不仅解决了职权划分的问题，而且制定的国家政策、法规、规划具有较强的可操作性。我国的海洋管理模式也是采用集中式管理，管理部门是国家海洋局，对围填海造地的管理由其下属的海洋环境保护司、政策法规和规划司、海域和海岛管理司对不同事项按职责分别进行管理。另外，其他行业管理部门，如水利、水产、土地、交通、环保、建设等部门都对围填海造地有一定的管理权。这样按行业分类的管理体制在执行围填海造地相关政策时，容易出现交叉管理或管理空缺的现象，导致管理效率低下。

3. 围填海造地管理方向不同

荷兰的海岸线侵蚀严重，直到20世纪90年代，海堤以及垂直海岸线的防浪堤仍在荷兰的围填海造地工程中占很大比例。因此，荷兰早期的围填海造地管理主要侧重点是在采用何种方式进行围填海造地，以防止岸线侵蚀。近些年来，由于荷兰的围填海造地发展过快，也导致了一系列负面影响，如地下水位受到破坏、生物多样性减少等。迫于生态压力，荷兰围填海造地管理的重点已经从早期的防护和围垦向自然资源保护和可持续利用发展，并进行了宏伟的退滩还水计划。我国目前正处于围填海造地高潮时期，国家将围填海造地管理的重心放在实行严格的用海审批制度、进行科学的环境影响评价，以及落实海域有偿使用制度上。我国是发展中国家，对经济发展的迫切要求，使得我国有些地区忽视了经济发展中环境资本的损失，因而对于退滩还水行动更是无暇顾及。

荷兰的围填海造地管理与我国相似，都是属于分散型的管理体系，没有专门针对围填海造地的管理机构和管理法律，但荷兰在悠久的围填海造地管理史上，不断地对围填海造地管理技术和方法进行改进，因而又与我国的围填海造地管理不完全相同，这对我国具有借鉴意义。

5.3.2 中日比较

1. 围填海造地情况的比较

(1)围填海造地的原因存在异同。

日本和中国围填海造地的主要原因都是人多地少的现实矛盾。日本的国土面积小,人口密集,特别是沿海地区的人口密度更是排在世界前列。日本临海岸线的滨水区城市地区的面积约为12万平方千米,占全国总面积的32%,人口约5 850万,占全国人口的45%,人口密度达488人/平方千米,特别是东京湾周围地区的人口密度更是达到了3 301人/平方千米。我国沿海11个省市总面积133.4万平方千米,占我国陆地总面积的14%,人口约5亿,占全国人口总数的40.9%,人口密度为375人/平方千米。尽管我国沿海地区人口密度低于日本,但相对于高速发展的经济来说,沿海土地紧张仍是遏制经济发展的瓶颈问题。

但日本和中国围填海造地的初衷不同。日本开始围填海造地是由于日本平原面积小,粮食自给不足,因此主要用于农业生产。而我国在明、清以前主要的海岸工程是修建海堤,以预防风暴潮的袭击,一直到中华人民共和国成立前期,迫于农业用地跟不上人口增长的需要,才开始出现很小规模的围填海造地活动。

(2)围填海造地的利用方向相近。

由于日本的平原面积小,粮食自给不足,因而最早的围填海造地是为了农业发展而进行的。到20世纪七八十年代,日本开始发展工业经济,在港口海湾区进行大量围填海造地工程,因而形成了"四大工业带"。现在日本的围填海造地在经历了石油储备基地、工业用地、公共设施用地和住宅用地之后,已经发展到海上人工岛、浮式构筑物等新兴复合式海洋用地模式。

我国的围填海造地最开始是农民自发组织的小规模围填海造地,也是为了增加私人农田面积。直至20世纪70年代,政府组织的围填海造地活动还是主要用于增加农业用地。至80~90年代,围填海造地开始用于海水养殖业,但仍属于农业发展范畴。进入

21 世纪后,我国的围填海造地工程才开始用于工业发展以及扩大城市空间。

(3)围填海造地的方式和技术存在着差异

早期的日本主要是在河口三角洲或滩涂地带采用平直海岸围填海或河口围填海方式,工业化兴起以后开始发展港湾围填海工程。20 世纪 80 年代以后由于意识到围填海的环境影响,日本的围填海造地政策开始由鼓励转为限制。自此,日本更加重视围填海工程的平面设计。在围填海方式上,以人工岛式居多;在围填海布局上大多采用水道分割,很少采用整体、大面积连片填海的格局;在岸线形态上,大多采用曲折的岸线走向,极少采取截弯取直的岸线形态,如神户人工岛、大阪关西机场等几个大的围填海项目都是采用此种方式。并且,日本还计划以后将采用修建更多人工岛的方式扩展更多的国土面积。

相比而言,我国对围填海工程的设计还属于粗放型。我国的围填海造地工程多属于顺海岸围填海工程,如历史上的苏北范公堤和建国后苏北沿海所筑海堤等。另外,河口围填海工程和港湾围填海工程也比较多,而人工岛围填海工程比较少,我国一般用作海上作业或石油、天然气等。

(4)围填海造地发展阶段不同

我国在经历了 20 世纪 70～80 年代围垦用于农业和渔业以及 90 年代用于水产养殖业两次围填海高潮之后,正面临着第三次围填海造地热潮。从 2005 年开始,我国每年围填海面积都在 100 km^2 以上。

而日本自 20 世纪 90 年代以后,由于人口负增长,围填海面积和规模就开始呈下降趋势。自 2005 年开始,日本每年的填海造地面积只有 5 km^2 左右,仅为中国围填海速度的 1/20。

2. 围填海造地管理的比较

(1)法律依据不同。

日本政府很早就开始重视围填海造地管理,并颁布了专门的法律。早在 1921 年就颁布了《公有水面埋立法》,对围填海的许可、审批程序、费用征收以及权属管理等进行了详细规定。然后，又于1973年通过了《公有水面埋立法修正案》，加强了对围填海用途与环境影响审查等方面的要求。

我国直至今日也没有一部专门的法律是针对围填海造地管理的。我国对围填海造地的管理是自《海域使用管理法》颁布之后，镶嵌在海域使用管理中的，而对围填海造地对环境的影响的规定则体现在《海洋环境保护法》中。虽然我国的《海域使用管理法》对围填海造地的许可、审批、海域使用金等都进行了规定，但对审批程序规定的不够详细，且没有对围填海造地的类型和布局进行限制，也没有对不同围填海造地类型进行分类审批和管理。

(2)政府的支持政策不同。

日本政府在立法上对围填海造地的行为没有明显的政策倾向和行政干预，也没有采取鼓励或限制等政策措施，但实际上日本很注重向海洋国土发展，并强调海洋空间的战略意义。如20世纪70年代日本推出的《海上机场计划》、80年代的《海洋城市计划》和90年代的《海上走廊计划》都是以向海洋要国土为目的。我国在20世纪70年代以前对围填海造地采用无偿支持的政策，甚至围填海费用和劳动力补贴都是出自国家财政；70～80年代国家对围填海造地依然实行扶持政策，托架对围填海造地的投资开始由无偿转向无偿和有偿结合；90年代以后，才开始通过加强海域使用管理的工作，逐步控制围填海造地进度；到目前为止，我国通过制定全国围填海规划，将围填海造地管理作为海域管理的重点，采取不提倡、不鼓励、不限制、严格审批的管理政策。

(3)公众参与程度不同。

日本的海洋主管部门在研究海洋战略规划等重大问题时，提倡政府、学术、媒体等社会各方的广泛参与，还通过海洋论坛与媒体的宣传，进一步广泛征集民众的意见。此外，都道府县知事对围填海造地的申请材料进行审查后，必须通过公示征求公众意见，不仅要征求项目所在地的管理机构的意见，还要征求项目所在村及个人的意见。

我国自1994年颁布《中国21世纪议程》起，开始强调公众参与的方式和参与程度。与以前相比，我国的公众参与已经有了长足的进步，但公众参与的程度依然处于弱参与阶段。我国的公众参与没有明确的法律保障，参与内容、方式和程序都不够规范和明确。

(4)规划范围和层次不同。

日本对围填海造地的规划分为三个层次：国家层面划出重点开发区域；对重点发展区域进行空间规划；在划定的基本功能岸段内进行项目的平面规划。通过三个层次的规划，形成了上下衔接的围填海造地规划管理系统，使得日本历年实施的围填海造地项目在规划的功能区内拓展，不存在大的功能调整问题。

相对日本而言，我国的围填海造地规划则稍显粗略，且存在上下脱节的现象。我国的围填海造地规划主要体现在海洋功能区划制度中。我国的海洋功能区划可分为全国海洋功能区划、省（自治区、直辖市）和市（县、区）级海洋功能区划三级。由于海域使用方式多样，因而没有形成对围填海造地的专门且详细的规划。另外，我国对围填海造地的总体布局把握不够，尽管经过三级规划，但在如何合理指导围填海的宏观布局、提高海陆资源的利用效率等方面还存在不足。由于国家海洋功能区划往往是在考虑地方自然资源和环境条件适宜性的基础上，根据当地社会经济发展的开发利用要求而确定其功能区，而省、市、县三级功能区划的编制往往和国家的海洋功能区划编制不在同一时间段内，因而形成国家和地方的功能区划存在差异。

综上所述，过高的人口密度导致沿海地区的人地矛盾是两国进行围填海造地的主要原因。日本的围填海造地历史早于中国将近300年，从围填海造地的背景和发展趋势来看，两国走过的路线具有相似之处。从围填海造地的技术发展来看，我国的围填海造地技术显然落后于日本。日本目前倡导的人工岛围填海造地方式，对围填海的成本要求很高，但有利于提升区域资源、环境和社会的协调性。如著名的关西机场的工程预算达到100亿美元，工程造价甚至超过了英吉利海峡隧道工程，但日本仍然选择了海上人工岛的填海方法，以减少对海底生态环境和水动力环境的影响。从围填海造地发展阶段来看，日本已经进入衰退期，而我国的围填海造地活动正在蓬勃开展。目前，我国正处于以城镇建设、临海工业、滨海旅游、港口开发为目的的围填海造地高潮时期，无论是从围填海造地的规模、用途还是类型来看，我国的围填海处于日本20世纪七、八十年代的发展阶段。因此，日本的围填海造地管理经验对我国围填海造地管理的发展具有重要的借鉴意义。

5.3.3 中美比较

1. 围填海造地情况的比较

(1)海洋环境相似。

美国与中国沿海的海洋自然环境相似。两国的海岸资源都很丰富，都拥有漫长的海岸线，因此，两国都具备围填海造地的良好的自然条件。

(2)围填海造地原因相似。

美国和中国与大多数沿海国家相似，沿海地区经济发展程度高，人口集中，因而形成了以海岸地区为中心的经济、居住区。尽管两国都对围填海造地活动进行了控制，但出于经济发展和工业用地的需要，沿海地区还是进行了不同程度的围填海造地。

2. 围填海造地管理的比较

(1)法律基础不同。

美国具有比较健全的海洋法规体系，根据联邦管辖权限制定的法规有《水下土地法》、《外大陆架土地法》、《海岸带管理法》等。

我国没有管理围填海造地的专门法律，对围填海造地的相关规定主要是作为《海域使用管理法》的一部分，并在《海洋环境保护法》中对防治海岸和海洋工程建设项目对海洋环境的污染损害进行了相关规定。

(2)管理体制不同。

美国是联邦制国家，这决定了美国在海域使用管理方面采取中央和地方相分权的形式，在沿海州建立了州级海洋管理机构和地方海洋管理机构，形成联邦、州和市县地方政府三级海洋管理体系。部门分散管理不仅没有分散国家统一管理的力量，反而形成了职责分明、相互合作和制约的管理体制。

前面分析过，我国的海洋管理是在国家海洋局的统一领导下进行的分行业管理体制，实质上仍属于分散的管理体制，因而容易导致交叉管理或管理空缺。

(3)公众参与的程度不同。

美国公众参与体现在两个方面：一方面是政府主导大众提高海洋意识，鼓励大众参与海洋管理政策决议；另一方面公众对自己的生活环境以及与自身利益相关的经济发展非常关注，积极主动要求参与海洋管理。同时，美国的非政府组织在海洋政策决议和民众观念上具有很大的影响力。

而我国的公众参与主要体现在政府对公众单方面的主导关系，通过政府公告等形式，向公众公布国内围填海造地的基本信息及相关政策，引导公众提高海洋意识。我国的公众参与程度低，一方面是由于公民的海洋意识薄弱，另一方面是缺乏法律和制度的支持。

5.4　启示

1. 应制定适合我国国情的《围填海管理法》或《海岸带管理法》

我国目前的海洋法律多数是2000年以后制定的，法规之间几乎没有任何横向联系，而且多数海洋法律具有明显的行业特色，综合性的法律少。法律主体具有行业特性，这在一定程度上弱化了海洋违法的成本和实质。海洋执法的主体具有行业特性，而行业部门往往具有独立性，这也弱化了海洋违法本身的交互性。结果是没有一个部门能进行综合协调、统筹兼顾，这种局限性使他们不能站在全局的高度统一考虑资源的合理配置和利用，难以照顾到围填海造地的特殊性和特殊的管理形式。因此制定一部综合性的法律已是当务之急。

鉴于我国《海域使用管理法》对围填海造地管理的局限性，且配套法律规定不尽完善，与其他法律法规之间存在着冲突，因而有必要针对围填海造地制定一部专门的法律。该法不仅要对围填海造地的申请、审批程序以及相关制度进行详细规定，而且要解决相关行业法律之间的协调问题。

2. 完善围填海造地项目的统筹规划

我国地域广阔，国家无法对全国的海域直接进行管理，只能把海域使用的监督管理权下放给地方政府。因此，我国在分级管理中，应明确中央与地方对围填海造地管理权的划分，对于地方能管的事项尽量下放给地方，地方负责不了的事项应由国家统一管理。建立请示报告制度，地方海洋海洋管理部门应及时向国家海洋行政主管部门汇报情况和反映问题，认真传达贯彻并组织落实国家海洋主管部门的指示精神。

我国相关部门要在对海域资源环境自然条件、社会经济发展需求、围填海现状与生态环境效益的综合评估充分了解的基础上，确定海岸基本功能、开发利用方向和保护要求，规范围填海秩序，调控围填海的规模、强度，在满足海洋经济发展需要的同时，提高海洋资源的利用价值，保护海洋生态环境。

3. 对海域使用论证进行严格审查，完善海域使用论证操作模式

我国的海域使用论证质量低，一方面是由于对海域使用论证的评审缺乏专业性和认真态度，另一方面是由于我国对违反海域使用论证制度的论证单位、论证人员、评审人员等的处罚较轻。因此，我国应进一步加强对围填海造地的科学论证，论证内容除“海域使用论证报告书编写大纲”规定的内容外，还应就下列内容予以补充：

论证海底和海岸地形地貌变化，定量分析海底蚀淤变化及其导致的海洋动力条件变化；定量分析和预测工程所在区域上、下岸

段及浅海区泥沙演化规律，计算海岸蚀淤变化趋势，提出海岸侵蚀和淤积的最大极限。

对于淤泥质平原海岸，应加强对未来海平面变化、地面沉降等基本数据的分析，论证波浪增水、缓冲区域减少、海潮的变化以及抵御灾害的能力。

论证工程区潮流（潮向及潮流量的变化）、沿岸流、水体及底质等环境质量、毗邻海域生物栖息地的演化以及生物量的损失等。

在河口和航道附近海域实施围填海活动，应加大对行洪安全和航行安全的定量分析，应论证具体的行洪方案以及航道淤浅对海上航行和锚泊地的影响。

填海造地是永久性工程，应调查和研究海底不稳定构造分布，进行海底地质构造和地层稳定性分析与评价。

4. 加强围填海造地项目的设计指导

我国的大陆岸线、岛礁岸线及近岸海域是海洋经济发展的载体，也是稀缺和不可再生的空间资源。为此，必须尽快实现围填海造地类工程规划、设计方式和理念的转变，改进围填海造地类工程的平面设计与整体布局方式。应立足科学论证，开展各类围填海工程的平面设计与整体布局方案的比选与优化，在提升围填海造地工程经济价值的同时，最大限度地减少其对海域功能和海洋生态环境造成的不可弥补的损害，保护有限的海岸和近岸海域资源，实现围填海工程的科学决策和管理。

围填海造地工程的平面设计和布局应遵循以集约、节约使用海域空间资源和环瑰资源为目标，以占用岸线尺度、新增岸线尺度、岸线曲折度、岸滩海洋生态环境和生物多样性、水流交换、环境容量、占用岸线和海域的经济效益和景观效益等为评判指标，进行工程选址、平面设计与整体布局的多方案比选和优化，最大限度地保护原有海岸地形地貌的原始性和多样性，维护天然岸线和海域资源的最佳效益，避免采用截弯取直、岛礁连接、平行推进等平面设计与总体布置。积极推动由海岸延伸式围填海造地向人工岛式围填海造地转变。由大面积整体围填海造地式向功能分离和多区块组合围填海造地式转变。在充分考虑区域整体景观效果的基础上，保留一定比例的岸线、水域面积作为公共岸线和公共水域。满足公众亲海及公共设施与生态环境建设的需要，使围填海区域景观和实用经济价值得到提升。

5. 建立和完善围填海造地管理政策制定中的公众参与机制

围填海造地工程的实施不仅涉及毗邻海域的海洋环境，而且涉及临近区域的公众社会生活的诸多方面，大规模围填海造地具有广泛的社会性，公众参与是加强围填海造地管理的基础手段。要真正实现公众参与海洋政策的决议，必须建立完善现有的参与机制。首先，必须提高公众的参与意识。政府部门可通过宣传政策、解释政策方式，使公众对海洋政策有必要的了解，掌握与自己的生存环境有直接或间接利益关系的政策动态。其次，制定公众参与的法律法规，明确公众参与的权利、义务以及参与的内容、方式等，保证公众参与的规范性和有效性。第三，可采用座谈会、书面调查、专家咨询、公众听证会等形式，将公众意见直接作用于海洋政策的审批程序。

6. 严格履行申请审批程序

我国的海域属国家所有，核心管理是实行用海审批制度。我国要严格围填海造地项目的海域使用论证，建立海域使用登记制度和海域使用统计制度；制定针对围填海造地项目的论证大纲，对围填海造地引起的水动力条件改变、对其他开发利用活动的影响及效益评估进行深入的分析预测，减少盲目性；建立论证单位、评审专家责任追究制。项目审批前，必须进行现场踏勘，必须充分征求有关部门意见。围填海造地的审批权限不得下放。应逐步建立对围填海造地项目的动态监测和后评估制度，及时发现总结围填海造地的经验和教训，调整、引导围填海造地走健康、可持续发展之路。

7. 建立有效的海洋咨询、协调机构或组织

日本是典型的分散管理，荷兰则与我国相似的管理体制，但两国都有自己的协调机构。日本政府有两个海洋决策与协调机构—

海洋开发审议会和海洋开发省厅联席会。海洋开发审议会由20多名专家教授组成，下设海洋生物资源、海洋环境、海洋空间等6个部门，主要职能是为内阁总理大臣提供咨询并协商、审议与海洋开发有关的事项。海洋开发省厅联席会由10个有关省厅的局长、部长组成，主要负责全国海洋开发方针政策的制定和实施。荷兰负责海洋协调的管理机构是IDON，下设6个部门，主要负责协调、审议各部委制定的有关北海的政策、指令和法律。

由于我国还没有真正实行海洋综合管理体制，因此在完善集中型海洋管理体制之前，有必要成立一个专门负责海洋事务的咨询和协调工作的机构或委员会。该机构可由海洋相关部门高层和专家教授共同组成，下设几个部门，涉及的咨询领域包括与海洋有关的各个行业，围填海造地管理的协调工作可设在海洋空间部门下。

6 我国进一步加强围填海造地管理的制度框架

6.1 我国沿海地区围填海造地的发展趋势

进入21世纪,沿海地区经济社会持续快速发展,城市化、工业化和人口集聚趋势进一步加快,客观上加大了对陆地土地资源的需求。在这一背景下,沿海地区兴起了第四次围填海造地热潮,从渤海海湾到位于南海的北部湾,到处都能看到热火朝天的围填海造地景象。其主要目的是建设工业开发区、滨海旅游区、新城镇和大型基础设施,缓解城镇用地紧张和招商引资发展用地不足的矛盾,以及实现耕地的占补平衡。

近年来,新一轮的围填海造地浪潮具有与以往不同的特点。总结分析各沿海省市、自治区今后的围填海造地规划,以及潜在的围填海造地计划,我国沿海地区围填海造地的发展趋势及其特点:

(1)围填海造地呈现速度快、面积大、范围广的发展态势。

海域作为海洋开发活动的载体,已日益成为一种比较稀缺的资源,开发价值备受关注,开发利用的深度和广度将越来越高,海域使用面积也将越来越大。同时,由于国家实行最严格的土地管理制度,陆地发展空间受限,沿海一些地方在城市化、工业化的进程中,为了实现耕地占补平衡,纷纷把目光转向海洋,一大批围填海工程准备上马,形成了一股围填海造地热潮。2002～2007年全国围填海造地面积61 951 hm^2,平均每年围填海造地面积10 325.2 hm^2;2008～2010年期间,每年的围填海面积为70 000 hm^2左右。

这些数字显示，今后一定时期内我国沿海地区的围填海面积将成倍增长，增长速度呈不断加快之势。随着我国工业化和城市化的高速发展，在人口基数大、人均土地资源少、发展需求大的情况下，通过围填海的方式来解决土地资源短缺的问题，是沿海地区各省市的必然选择。因此，目前的围填海浪潮不仅会持续发展，而且将日益高涨。

(2)围填海造地的行业及领域趋向于多元化，开发利用的方式趋向于区块化、整体化。

传统的围填海造地主要局限于晒盐、农林种植、渔业养殖、港口建设等方面，并且在不同时期以某种产业用海为主。而目前正在兴起的围填海浪潮，则呈现出多种产业并举、用海领域不断扩展、开发利用方式综合化和多样化的局面。目前，围填海涵盖了农业、林业、工业、商业、旅游、交通、港口、能源、城市建设等多种产业领域，并且在多行业、多领域共同用海的过程中，围填海的开发利用方式也呈现出区块化、整体化、综合化的趋势。最典型的例子是天津市滨海新区的围填海造地工程。该工程规划围填海面积达16 300 hm^2，除了港区扩建外，将依托港口发展大乙烯、大炼油、大储油、海水淡化等临港工业，同时发展滨海休闲旅游业、建设临海新城区等。

与此同时，随着近海渔业资源不断衰竭，加上中日、中韩渔业协定、北部湾海域划界协议相继生效，相当一部分捕捞渔民需要转产使用海域从事养殖行业。这些情况表明，随着海域开发利用的方式逐渐多样化、主体日益多元化，海域空间资源的有限性和海洋经济发展的无限性之间的矛盾将日益显现，海域管理的任务将更加艰巨。

(3)围填海造地的大项目、大工程不断增加，项目和工程的投资巨大。

与过去的围垦用海相比，正在兴起的围填海造地的另一个发展趋势和特点是大项目多、大工程多、投资巨大，项目规模和投资不断增长。据调查，在沿海各省市正在进行或计划进行的围填海项目中，许多都是投资过亿元甚至几十亿元的大工程，而多数非法用海项目都是一些比较大的工程，不少大工程表现为地方一把手亲自抓的“县长工程”、“市长工程”，因此导致海洋执法难度和阻力很大。近些年来，围填海的大项目、大工程不断增加，目前正在进行的影响最大的填海工程是唐山曹妃甸钢铁项目工程，该工程是目前世界上单体吹填面积最大的围填海造地工程，通过围填海将形成方圆 31 000 hm^2 的陆域；浙江省沿海城市瑞安计划投资 3.6 亿元，围填海造地 1 067 hm^2，用于拓展城市发展空间；普陀东港开发区将依靠围填海造地，建设一座滨海新城，总填海面积 1 200 hm^2，总投资超过 20 亿元；2006 年广东汕头市宣布，要在未来几年内投资 52 亿元，围填海造城 2 487 hm^2。

6.2 围填海管理制度重新设计的基本原则

考虑到围填海造地的复杂性及其对生态环境的重大影响，按照科学发展观的要求，围填海造地的政策制定必须综合考虑自然条件、社会经济条件和生产力发展布局的需要，正确处理好围填海造地与生态环境保护的关系，统筹规划，合理布局，综合利用，强化管理，确保社会、经济和生态效益的有机统一。具体应遵循以下原则：

(1)坚持海陆统筹规划、合理调整布局原则。

我国海岸线长、港湾多，各个岸段的自然、资源和社会经济条件千差万别，开发利用状况及潜力各不相同，必须因地制宜地考虑各个岸段的条件和特点，从基本国情和维持良好的生态系统出发，合理布局。

沿海各省市在做好土地利用总体规划与海洋功能区划衔接的同时，加快国土规划编制和实施，从更高层次实现海陆统筹。国土规划是最高层次的空间规划，是实现海陆统筹的最佳工具和手段。应充分发挥国土规划的空间协调和配置功能，对海域资源的开发、利用、整治及保护在时间和空间上作总体的战略安排，协调好各类用海的需求，合理调整海域利用结构和布局。特别要对围填海进行“总量控制”、“分类管理”，调控好围填海的发展规模、节奏与空间布局，确保海域空间资源的有序开发利用。明确规定规划期内围填海的总面积、年度围填海面积总量，严格限制围填海的范围，比如对于海洋生态环境质量较差、生境较敏感、具有较高保护需求的海域应该禁止围填海活动。

(2)坚持深度、高附加值开发为主，高效利用的原则。

据科学统计，浅海海域的生产力高出相邻土地 4～5 倍，而且围填海种植还需洗盐改良土壤，短者二三年，长者七八年甚至十几年，还需要有充足的淡水资源保证和相应的配套水利设施，利用效率较低。因此，除淤长型淤泥质滩涂外，围填海种植应严格限制，重点保证港口、旅游和工矿企业建设及必须临海的工程和防护工程等用海的需求。

(3)坚持集约经营、节约使用和综合利用的原则。

围填海造地应全面考虑和权衡社会、经济、生态、景观等各方面的因素，以“炒海皮”为目的的围填海造地原则上不能审批，围填海造地规模应限制在尽量小的区域内；围填海造地应结合必要的恢复地貌景观、自然美化(绿化)、消除障眼丑物等改良措施，提高整体综合效益。因此，政府应整体考虑、系统设计围填海与用地的审批管理，在土地计划、用地指标、审批程序、土地供应、海域使用证换发土地使用证等诸多环节上，加强用海管理与用地管理的衔接，统筹解决相关问题。基本原则是规范管理，简化程序，既要整顿秩序、控制规模，确保国有资产保值增值，促进资源合理利用，又要避免重复审批、重复收费，确保管理环节前后衔接，充分调动各方面的积极性。

(4)开发与保护结合，以保护为主的原则。

围填海造地要围绕海洋资源(包括水体底质空间的海洋生物、海洋矿产、海洋空间、海洋能源、海洋化学、海洋水动力等资源)来进行。坚持集约经营、节约使用和综合利用；坚持高附加值开发、高效利用的原则办事，杜绝一切以牺牲资源环境为代价换取一时经济兴旺的开发项目，正确调节好开发和保护的关系。

优先保护好重要的“原始”海洋区域、海洋珍稀濒危物种及其生境、典型海洋生态系统、有代表性的海洋自然景观和具有重要科研价值的海洋自然历史遗迹等，为将来多保留一些天然的“本底”；保护好海岸防护工程，防御自然灾害的侵袭，保障人民群众的生命和财产安全；在海湾、半封闭海的非冲刷型海岸地区原则上不得围填海造地。

6.3 围填海造地管理制度框架的构建

6.3.1 加强围填海造地管理的宗旨

1. 以围填海造地促进海洋经济可持续发展

沿海地区是我国经济增长最活跃、工业化和城市化进程最快、发展潜力最大、活力最强的区域。经济的跨越式发展，需要沿海地区按照科学发展观的要求，根据海域自然属性和经济社会发展的客观需要，从加强海域管理和促进海洋经济可持续发展的角度出发，通过围填海造地为沿海地区经济社会的发展提供新的战略空间和发展平台。

2. 与经济发展阶段相适应，科学、适度围填海

当前国家实行严格的土地宏观调控，严把建设用地规模与增长速度。而围填海活动呈现出速度快、面积大、范围广的发展态势，因此决策部门有必要采取措施有效控制当前不断升温的围填海趋势。一是要未雨绸缪，提前规划。国家或沿海各级政府应在统筹安排围填海项目、统筹考虑国家整体或某一沿海局部区域的土地占补平衡和围填海容量的基础上，编制沿海滩涂围填海造地建设总体规划。规划要对围填海进行“总量控制”和“分类管理”，一方面结合各地海域条件和社会经济发展需求，合理确定不同地

区围填海造地年控制数,另一方面明确合理地界定围填海区域。二是要积极探索和建立围填海造地招标、拍卖等市场化配置海域资源的机制,逐步提高围填海造地海域使用金征收标准,提高围填海项目的建设成本,降低围填海造地的积极性。

3. 依法管理围填海活动

围填海活动的经济效益、社会效益、生态环境效益,要求围填海管理必须建立在完善的法律法规体系上。实践中,部分沿海区域片面追求经济利益,违法批准使用海域、非法占用海域、侵犯海域使用权人合法权益等海域使用管理违法违纪行为时有发生,严重破坏了局部海域的资源、生态和环境。此外,一些对海域使用管理负有监督和管理职责的部门及其工作人员法制意识淡薄,不能严格依法履行职责等现象也时有发生。因此,基于围填海项目过程管理的需要,完善相关法律法规,各级海域管理部门都要严格按照法律、法规和规定的要求,认真履行管理职责,项目审批前,要严格执行海域使用论证和海洋环境影响评价制度,进行科学论证;项目审批后,依法对围填海活动的全过程进行严格监管。

4. 统筹围填海造地与生态环境保护的关系

众所周知,围填海项目在带来经济效益的同时,也不可避免地带来生态退化、环境恶化、资源衰退等多方面的问题。在通过科学围填海解决开发利用海洋资源合理性问题的同时,应采取可操作性措施,有效地降低围填海对海洋资源和生态环境的损害。

6.3.2　围填海造地管理制度的综合框架

为了规范围填海行为、调控好围填海的发展规模与节奏、确保海域空间资源的有序开发利用,国家发展改革委员会、国家海洋局应依据形势发展的需要,从具体项目到区域规划,从微观到宏观,在各个层面设计制度框架,并采取一系列管理对策与措施(见图6-1)。

1. 围填海规划计划管理

国际经验表明,从战略高度重视围填海项目,强化围填海管理，不仅成为当今的时代潮流，而且也是沿海国实现海洋经济可持续发展的最佳选择。围填海规划和区划、行动计划具有长期性、系统性和约束性，对围填海造地的长远发展具有战略性意义。

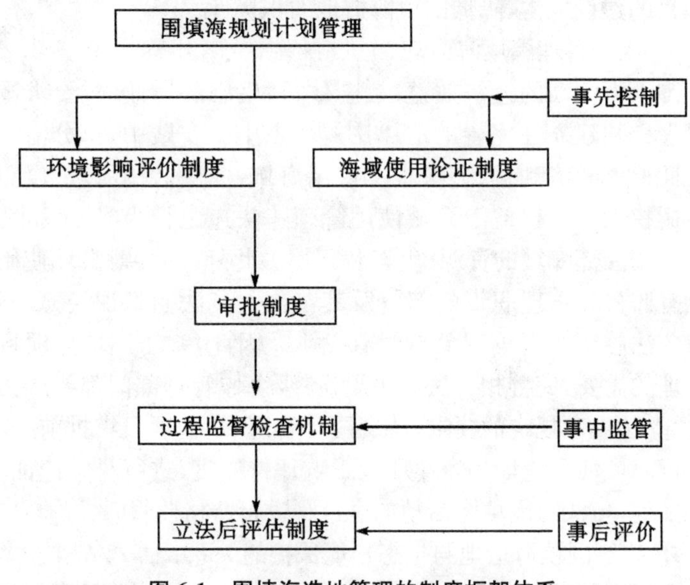

图 6-1　围填海造地管理的制度框架体系

(1)海洋功能区划是科学确定围填海规模的依据。

海洋功能区划是引导和调控海域使用、保护和改善海洋环境的重要依据和手段，也是围填海年度计划管理和围填海项目审批的依据。海洋功能区划分为全国海洋功能区划与省级海洋功能区划。省级海洋功能区划的修编，应当符合国民经济和社会发展规划、主体功能区规划的总体要求，并注意做好与区域规划、土地利用总体规划、城市规划等相关规划的衔接工作。在海洋功能区划修编过程中，要始终坚持“在保护中开发、在开发中保护”的基本原则，注重海域资源的优化配置和节约集约利用。海洋功能区划要根据涉及海域的资源条件、开发现状和海洋环境承载能力，充分考虑国家和地区经济社会发展的实际需求，科学划定海岸和近海的基本功能。对于涉及围填海的海洋功能区，要明确开发规模、开发布局、开发时序，并提出严格的管制措施。

(2)区域用海规划是加强集中连片围填海管理的制度保障。

对于连片开发、需要整体围填用于建设或农业开发的海域，省级海洋行政主管部门要指导市、县级人民政府组织编制区域用海规划。编制区域用海规划，应当严格依据全国和省级海洋功能区划，客观分析涉及海域的自然条件及面临形势，明确说明区域用海整体围填的必要性、可行性，提出区域发展的功能定位、空间布局方案和规划期限内年度围填海计划规模，并对规划实施可能产生的环境影响进行全面分析、预测和评估。区域用海规划分为区域建设用海规划和区域农业围垦用海规划。其中，区域建设用海规划还应当依据国家有关技术规范，合理确定功能分区。

(3)年度计划管理是严格规范围填海计划指标使用的基础。

围填海年度计划管理是切实增强围填海对国民经济保障能力、提高海域使用效率、确保落实海洋功能区划、拓展宏观调控手段的具体措施。沿海省、自治区、直辖市和计划单列市海洋行政主管部门，应按照国家发展改革委关于编制国民经济和社会发展年度计划的有关要求，组织填报下一年度本区域的围填海计划，经会签同级发展改革部门后，报国家海洋局，并抄送国家发展改革委。国家海洋局在各地区上报的围填海计划的基础上，提出每年的全国围填海年度总量建议和分省方案，报国家发展改革委。国家发展改革委将根据国家宏观调控的总体要求，经综合平衡后，形成全国围填海计划，按程序纳入国民经济和社会发展年度计划。

围填海年度计划指标包括地方年度围填海计划指标和中央年度围填海计划指标两部分。地方年度围填海计划指标是指省及省以下审批(核准、备案)项目的年度最大围填海规模，该指标只下达到沿海省、自治区、直辖市(计划单列市指标单列)，在围填海项目用海经国务院或省级人民政府批准后，由省级海洋行政主管部门负责核销。中央年度围填海计划指标是指国务院及国务院有关部门审批、核准项目的年度最大围填海规模，该指标不下达到地方，由国家海洋局在项目用海审批后直接核销。围填海年度计划中的建设用围填海计划指标和农业用围填海计划指标不得混用。建设用围填海计划指标主要用于国家和地方重点建设项目及国家产业政策鼓励类项目。区域用海规划范围内的围填海项目，应当根据围填海项目用海批准情况在规划期限内逐年核减围填海计划指标。

2. 海域使用论证制度

项目审批前，要严格执行海域使用论证制度，加强围填海论证和设计的科学性，尽量降低对海洋环境的不利影响。

(1)加强战略论证，即不仅要对单个围填海项目进行论证，更要从区域总体布局出发，综合论证区域内所有围填海项目给海洋环境造成的系统影响，甚至叠加效果，从宏观上控制围填海规划实施后可能对海洋环境产生影响的主导方向。这在实践中已有成功先例，如福建省政府出资 1 500 多万元，根据沿海各地的用海需求，组织国内权威的海洋单位和相关专家，对 13 个海湾进行考察论证。

(2)加强综合论证，即一定要充分考虑围填海之后造成的各种负面影响，包括重要生境的损失、水文动力环境的重大改变、环境容量的重大损失、海洋生态承载能力降低、生态系统服务功能损失等一系列环境问题，以及围填海项目的选址、规划以及布局合理性等。建立“围填海环境论证技术评估指标体系”，综合考虑生态系统的变化、对海洋环境的累积性影响、社会经济因素、生态服务功能损失以及环境容量等。

3. 环境影响评价制度

对围填海造地进行环境影响评价，是海洋环境保护的基本手段。1999 年 12 月 25 日全国人大常委会通过新修订的《中华人民共和国海洋环境保护法》对原有法律规定的工程建设项目环境影响评价进行修改和完善，明确海岸工程建设项目实行环境影响评价制度；海洋工程建设项目实行海洋环境影响评价制度，并规定海岸工程建设项目环境影响报告书由海洋行政主管部门提出审核意见后，报环境保护行政主管部门审查批准；海洋工程建设项目海洋环境影响报告书由海洋行政主管部门核准，并报环境保护行政主管部门备案。鉴于海洋工程建设项目实行海洋环境影响评价是法律规定的一项新的制度，而且也比较原则。为了确保这新制度的全面贯彻实施，《条例》在第二十三条、第二十四条、第二十五条、第二十六条和第二十七条中，对海洋工程建设项目海洋环境影响报告书的审查、审批机制、海洋环境影响跟踪评价和监督管理等作了具体的规范要求，加强了工程建设项目对海洋环境污染损害的防治管理。

除了对拟建围填海造地项目进行环境影响评价，严格把好选址论证和项目审批关外，还可对围填海造地建设总体规划进行战略性环境影响评价，特别是对重点海域的围填海项目一定要作出科学、充分的论证；对哪些地方能围、哪些地方不能围，要作出明确、合理的界定；对围填海造地的利弊与损益要作出公正、客观的分析；对围垦后可能带来的环境问题要提出切实可行的对策措施。此外，也可对已建的围填海工程进行回顾性环境影响评价，找出实际存在的环境问题，提出力所能及的补救措施。要尽可能利用高科技手段来规划、管理并指导围填海造地的建设与保护。

4. 围填海项目审批制度

为了整顿围填海秩序、控制围填海造地规模、确保国有资产保值增值、促进资源合理利用，应整体考虑、系统设计围填海造地的审批制度，确保管理环节前后衔接，充分调动各方面的积极性。值得一提的是，应加强用海管理与用地管理的衔接，统筹解决相关问题。

建设项目需要使用海域的，项目建设单位在申报项目可行性研究报告或项目申请报告前，应依法向国家或省级海洋行政主管部门提出海域使用申请。其中，由国务院或国务院有关部门审批或核准的建设项目，应向国家海洋局提出海域使用申请；省及省以下审批、核准或备案的建设项目，应向省级海洋行政主管部门提出海域使用申请。海洋行政主管部门依据海洋功能区划、海域使用论证报告及专家评审意见进行预审，并出具用海预审意见。用海预审意见是审批建设项目可行性研究报告或核准项目申请报告的必要文件。凡未通过用海预审的项目，不安排建设用围填海年度计划指标，各级投资主管部门不予审批、核准(备案)。

审批项目用海，必须以海洋功能区划为依据，以促进经济和社会协调发展、保护和改善生态环境、严格控制填海和围填海项目、保障国防安全和海上交通安全为原则。

通过审批取得海域使用权的用海项目，要严格按照国家规定的标准缴纳海域使用金。国家和省级海洋行政主管部门在核减围填海计划指标和办理海域使用权证书前，应当要求项目建设单位与原海域使用权人和相关利益者签订补偿协议，落实补偿费用。

5. 建立围填海规划计划执行情况的跟踪监测、监督检查机制

国家发展改革委应会同国家海洋局进一步强化对围填海计划执行情况的监督检查。沿海各省、自治区、直辖市海洋行政主管部门应当实行围填海年度计划台账管理，在建设用围填海审批过程中确认并根据批准情况及时核销计划，对计划执行情况进行登记和统计，按季度上报计划执行情况和围填海实际情况，并于每年9月份对计划执行情况进行中期检查，形成报告报国家海洋局，抄送国家发展改革委。国家发展改革委、国家海洋局将根据围填海实际情况对地方年度围填海计划指标的执行情况进行评估和考核，并作为下一年度计划编制和管理的依据。对地方围填海实际面积超过当年下达计划指标的，相应扣减该省(区、市)下一年度的计划指标。对于超计划指标擅自批准围填海的，国家海洋局将暂停该省(区、市)的区域用海规划和建设项目用海的受理和审查工作。

同时，各级海洋行政主管部门及其所属的海监队伍要加强对围填海项目的监督检查。要利用国家海域使用动态监视监测系统，重点对围填海项目选址是否符合海洋功能区划、围填海面积是否符合批准的计划指标等进行监管。对于未经批准或擅自改变用途和范围等违法违规围填海行为要严肃查处，依法强制收回非法占用的海域，对生态环境造成严重破坏的责令恢复原状，不得以罚款取代。对拒不执行处罚决定的，要申请人民法院强制执行。

6. 后评估制度

后评估是指对已经存在或者已经实施的考察对象进行分析、判断的行为。围填海造地相关的后评估制度可以采用专项评估与综合评估的形式。围填海造地的专项评估主要是对围填海项目的合法性、合理性、可操作性、有效性等方面内容进行评估。围填海造地的综合评估是对围填海造地所有方面情况进行全面、整体的评估。

建立围填海后评估制度的目的是为了及时发现围填海管理立法、执法工作方面存在的不足,以便于有针对性地加强围填海造地管理;通过总结围填海的执法经验和分析围填海造地存在的问题,进一步完善围填海造地的制度设计和应对措施;通过社会调研,深入了解社情民意,推进海洋经济、社会与自然的可持续协调发展。

7. 建立系统完善的围填海管理法规体系

大多数沿海国在科学的调查研究基础上,通过立法加强管理围填海活动,如日本的《海岸法》、《公有水面填埋法》,韩国的《公有水面围填法》、《公有水面埋立法》、《公有水面管理法》,法国的《海岸公物法》,美国的《海岸带管理法》、《水下土地法》,新西兰的《1994年海岸带政策报告》,英国的《海岸保护法》等。

《中华人民共和国海域使用管理法》第四十二条"未经批准或者骗取批准,非法占用海域的,责令退还非法占用的海域,恢复海域原状,没收违法所得,并处非法占用海域期间内该海域面积应缴纳的海域使用金五倍以上十五倍以下的罚款;对未经批准或者骗取批准,进行围填海、填海活动的,并处非法占用海域期间内该海域面积应缴纳的海域使用金十倍以上二十倍以下的罚款。"

7 我国进一步加强围填海造地管理的具体制度安排

7.1 继续规范政府规制制度:基于海洋综合管理的需要

7.1.1 完善规制的依据:建立健全围填海造地相关的法律法规体系

目前,我国已经初步形成海洋法律体系,但随着海洋执法监察实践的不断深入,执法者在实践中越来越深刻地感受到现有海洋法律、法规体系之间的相互矛盾,缺少具体事项的规范,可操作性差,甚至还有很多空白。(1)我国制定公布的海洋开发、保护、管理等方面的法律法规,绝大部分是专项性的,缺乏能约束各个行业的综合性基本法规。例如,至今还没有出台全国性的海洋法、海洋国土资源开发保护法、海岸带管理法、重要海湾和河口开发保护法以及沿海各省相应的综合性法规等。(2)现有法规不配套,没有形成完整的法规体系。如《海域使用管理法》还只是一个法律框架,法律中一些关键性的操作问题等没有体现,要求由国务院或地方政府另行规定,如第十七条要求省级人民政府制定海域使用申请审批规定、第十八条对地方审批权限由国务院授权、第二十一条海域使用权证书的发放和管理办法由国务院制定、第二十七条海域使用权转让的具体办法由国务院规定、第三十三条海域使用金的缴纳和上缴财政的办法由国务院规定、渔民养殖用海海域使用金的征收办法由国务院规定、第三十六条海域使用金的减免由国务院财政和海洋部门规定。目前，国务院除了只就海域使用审批权限进行授权以外，缺乏相关配套的行政法规。再如地方规定与《海域使用管理法》不配套，海域使用金缴纳比例依据不足且缺乏利学性，省市之间差别较大；非法围填海工程项目罚金额度太大，在现实中难以执行等。无证填海、超面积填海、边审批边填海、“化整为零”分散和越权审批填海等违法填海普遍存在，严重影响了海洋执法监察的正常工作。

海域资源是一种不可再生的资源，为了合理开发利用海域资源，整顿和规范围填海秩序，抑制非法填海、无证填海、超面积填海等行为，解决随意布局、低效、重复用海问题，保障沿海地区经济社会的可持续发展，国家、相关决策部门应配合海洋综合管理的需要，一方面，要及时清理和修订与国家法律不一致的地方性法规和地方政府规章，维护国家法律的权威和严肃性，维护海洋行政管理秩序；另一方面，国家立法机构有必要并应尽快采取相关步骤，组织专门人员，在认真调研的基础上，制定关于围填海造地的专门法规，对围填海项目布局、项目的法律责任主体、项目准入和审批程序、项目实施过程监控、生态环境影响评价等重大问题作出专门的法律规定，使围填海造地理真正纳入法律、法治的轨道。

7.1.2 创新宏观管理体制：建立相对集中、统一的海洋综合管理体制

海洋开发与利用是一项系统工程，涉及诸多方面的问题。与此相应，围填海管理只是我国海洋综合管理的一个组成部分，国家应该把加强围填海管理纳入海洋综合管理的体系中，逐步形成协调、管理海洋事务的一整套管理和制度体系，解决阻碍我国海洋事业发展现存的问题。在国际上，联合国越来越重视海洋综合管理工作。20 世纪 90 年代以来，每年召开的联合国大会都要讨论海洋事务，在历次联合国大会有关海洋的决议中，贯穿一个始终不变的主题，即“决议认识到海洋区域的种种问题彼此密切相关，必须作

为整体加以考虑”。1992 年环发大会通过的《21 世纪议程》指出：“沿海国承诺对在其国家管辖内的沿海区和海洋环境进行综合管理和可持续发展。”1993 年第 48 届联合国大会作出决议，要求各国把海洋综合管理列入国家发展议程。1993 年世界海岸大会宣言要求沿海国家建立综合管理制度，开展海岸带综合管理。目前，在国际上，海洋工作已经成为一项集维护海洋权益、海域使用管理、海洋生态环境保护、海上执法监督以及拟定国家海洋发展战略、海洋政策和规划，管理海洋公共基础设施建设和公益性服务在内的综合性管理事务。

我国海洋发展和海洋管理的战略目标：成为海洋经济发达、海洋综合力量强大、在国际海洋事务中发挥重大作用的海洋强国；海洋经济规模大、结构合理，成为国民经济的主要组成部分；海洋综合力量强大，能够保证领海和岛屿领土主权不丧失、专属经济区和大陆架主权权利和管辖权不受侵犯、全球海上航线安全；在东亚地区海洋事务中享有主导权，在全球海洋事务中享有重要的发言权；全面恢复近海海洋环境质量，对整个中国海的环境能够实施有效的监控。这一战略目标正是根据当前世界海洋产业发展大环境、我国海洋产业发展现状制定的，准确地体现了海洋产业在新世界里对我国社会、经济、军事的重要意义；这一战略目标的制定给我国围填海管理工作指明了历史责任和前进方向，也是我国构建相对集中、统一的海洋综合管理体制的根本依据。

在全面实施海洋开发的 21 世纪，我国海洋事业的发展面临着新的形势，因此也要求强化海洋综合管理。(1)海洋管理国际性强、涉外问题多，我国与多个国际组织有业务联系，与所有海上周边国家存在海域划界问题。此外，还要维护我国在公海、国际海底和极地的权益和利益。(2)海洋资源立体分布，各种海上活动相互影响和制约，海洋经济发展涉及农业、交通、国土、石油、船舶、旅游等 20 多个部门，需要总体控制和统一协调。(3)我国现有海上执法力量包括海洋、海事、渔政、海关和边防等部门所属的执法队伍，执法力量的协作和协调问题显得尤为重要。(4)我国目前的军事海洋环境保障工作采取军民兼用的方式，强化海洋综合管理能够更快捷、更高效地为海防安全服务。(5)我国是海洋灾害多发国家，不断加强海洋基础设施和海洋公共事业的建设和管理、开展统一协调的综合管理，是加强和改善海洋公益服务的有力保障。

海洋综合管理是在充分考虑海洋事务之间相互依存关系和作用的基础上，将涉及国家利益的优先事项综合起来，使海洋领域的发展与国家的大政方针更好地融合在一起，通过全面、统一的管理来协调和解决海洋可持续发展中的问题。国际海洋权益斗争和各国发展海洋事业的实践告诉我们，缺少强有力的海洋综合管理，国家和民族的海洋权益就无法得到切实有效的维护，开发海洋的巨大效益就无法实现。针对目前的国际国内海洋形势，为确保我国“实施海洋开发”战略部署的顺利实现，建立海洋综合管理体制，应把改革和建设海洋综合管理体制、建立海洋综合执法体制等作为强化政府海洋综合协调职能的突破口。

1. 改革和完善海洋统一综合管理体制

海洋综合管理建设包括成立相对集中的海洋综合管理机构，建立高层次的协调管理体制，协调解决各种重大海洋问题，打破海洋产业的分割局面，改变海洋管理政出多门现状，实现统一管理、统一市场。可以参照厦门市的做法在全国、沿海各省市分别建立不同层级的海洋综合管理组织框架。上个世纪 90 年代中后期，厦门市先后正式成立了厦门市人民政府海洋管理协调领导小组及其办公室、厦门市海洋专家组和厦门市人民政府海洋管理办公室，形成了海洋综合管理的组织框架。在此框架下，市海管办作为市政府管理海洋综合事务的职能部门，具有行政执法主体资格，负责全市海域使用管理与协调，组织实施《厦门市海域使用管理规定》；监督《厦门市海域功能区划》的实施；负责厦门海洋类型保护区的规划、建设和管理工作；协调解决厦门市岛屿规划、开发、保护及管理方面的有关问题；督促各海洋行政管理部门履行各自职责；参与制定涉海管理有关的法规和规章；负责组织、协调海域的综合执法工作，并以法规的形式明确。市海管办除了专职领导外，还增加了 12

位兼职副主任，分别由海事、交通、环保、计划、建设、土地等部门的副职领导担任，定期召开主任专题会，研究讨论厦门市海洋管理重大问题。2002年1月，按照厦门市机构改革方案，由厦门市人民政府海洋管理办公室和厦门市水产局合并成立厦门市海洋与渔业局，继续承担厦门海洋综合管理职能。

2. 设立权责层次较高的海洋行政管理部门

实践经验表明，无论是由国家科委代管还是国土资源部管理下的国家海洋局，在履行法律及国务院赋予的海洋行政管理职能时，由于其机构效力层次较低，难以完成大量的国家层次上的海洋管理协调工作，导致行政管理职能存在一定困难，许多职能不能执行到位。因此，应当给予国家海洋行政主管部门以较高的行政效力层次，改变过去由部委代管的不利局面。在中央，建立国务院直属的海洋综合管理事务委员会，统一行使海洋管理职责，协调海洋管理行为；在地方，提高对海洋管理的认识，建立相应的海洋统一综合管理机构，配合和协调中央与地方的海洋管理工作，维护国家海洋权益，开发利用海洋资源，保护海洋生态环境，发展沿海地区海洋产业。权利清楚、责任明确，是使海洋综合管理体制发挥其协调管理职能的重要保证。

3. 创新海洋综合执法体制，强化海洋综合协调职能

对于围填海的管理，重要的环节是加强海洋执法。我们可以借鉴美国、韩国、日本等国的先进经验，改革我国目前的海洋执法模式。美国政府历来高度重视海洋，拥有很强的海上执法队伍，海岸警备队具有全天候的海上执法权，拥有飞机、船舶等现代化的执法设备和训练有素的执法队员，职责是法律规定的海事安全、海洋环境、海上应急等；韩国的海洋警察厅是海上唯一的执法队伍，具有先进的装备，可以对突发事件进行快速反应；日本的海上执法队伍是海上保安厅，设备先进、反应迅速，形成了一个海上执法网络。我国应借鉴国外的先进经验，建立强大统一、精于高效、准军事化的海上执法队伍，加强海上巡航执法的能力建设，全面监视近岸海域，控制各种违法活动和突发事件，加强海洋管理。

(1)整合海洋综合执法队伍,优化执法资源,形成执法合力。改革海上执法管理模式,在全国整合组建海洋综合行政执法大队,在沿海各地区整合组建海洋综合行政执法支队,建立一支指挥统一、管理科学、技术先进、反应迅速、保障有力的海洋管理执法队伍。

(2)开展联合执法行动。加强沿海地区以及海洋部门的体制建设,由海洋与渔业局、海事局、港口管理局等涉海执法部门开展联合执法行动。联合执法有利于从单纯海洋执法向加强海域资源利用、海洋生态环境保护、维护海上治安等海洋综合管理方面扩展。这样既降低了行政成本,又增强了执法效力。同时,在全国、沿海各地区应建立海上执法海域联盟机制,形成全国海洋管理网络。

(3)强化海上执法机构和能力建设。我国在建立强大统一、精干高效、准军事化的海上执法队伍的基础上,一要创新海上执法管理模式,加强沿海地区以及海洋部门的体制建设;二要建立应对海上突发事件的快速反应工作机制,明确海上执法队伍职责,严肃海上执法纪律,强化海洋综合协调职能的根本保障;三要提高海洋执法队伍的综合素质,调整海监队伍的知识结构,提高海洋监察员的法律水平、科技素质和业务能力,保证海监队伍建设和海洋管理同步发展。

《全国海洋功能区划》和《全国海洋经济发展规划纲要》中均明确指出要严格控制围填海活动,对围填海项目要科学论证和依法审批,严禁占用沿海沼泽湿地、芦苇湿地等自然保护区。因此,相关管理部门应当加大执法力度,认真履行管理职责,清理、拆除不合理的围填海项目,建立健全围填海项目跟踪监测制度,将监管工作延伸到围填海项目的全过程,通过定期检查和不定期抽查等方式,监控项目实施过程,及时纠正各种违规、违法行为。

7.1.3 规范微观控制制度:加强政府规制围填海项目的制度基础

7.1.3.1 完善海洋环境影响评价制度

(1)开展有关围填海造地环境影响的评价及研究。

首先,明确围填海造地环境影响评价的内涵与外延。

其次,构建围填海造地综合损益评价体系。围填海造地项目评价需要考虑多方面因素,除自然影响因素如海流、潮位、波浪、风速、风向、岸滩蚀淤、沉积物类型、海底稳定性和环境化学等直接关系项目是否可行的要素之外,围填海造地的不同利益相关者(包括政府、投资者和其他利益相关者)考虑问题的角度也不同。政府注重围填海造地的开发强度、运营效率、环保性以及围填海造地对国家和社会的贡献水平;投资者关心围填海造地的盈利能力、运营能力、偿债能力等;其他利益相关者关注围填海造地项目的生态影响和社会影响。因此,开展围填海造地环境影响的评价应该是综合损益评价,一般选取财务损益、国民损益、社会损益、资源损益和生态损益等多级总量指标构建围填海造地综合损益评价体系。

(2)完善海洋环境影响评价主体、建设单位的法律责任。

首先,应当明确海洋环境影响评价主体在跟踪评价、后评价中的法律责任。如果在跟踪评价中发现原评价结论与实际情况有重大偏差的,应查明原因,如果在原评价中有弄虚作假或者失职行为,应当依法追究其法律责任。这样有助于强化海洋环境影响评价的监督管理,改进海洋环境影响评价的水平,提高海洋环境影响评价的实施力度。

其次,应当明确建设单位在后评价中的法律责任,真正落实后评价制度,使环境影响评价法律责任体系更完善。对于海岸工程建设项目,它的投资都比较大,而且一旦污染海洋环境,将很难恢复,因此还应该加大处罚力度,在最高罚款的数额上有一定程度的提高,使其起到一定的威慑作用。在《环境影响评价法》的基础上进行弥补或改进,使其体系严密、完整,加强可操作性。

7.1.3.2 规范海域有偿使用制度

(1)认真落实海域权属管理制度,维护海域使用权人的合法权益。

海域权属管理制度是《海域使用管理法》的核心和灵魂,海域使用权是海域使用管理的主要对象。各级海洋部门要集中力量,逐个项目开展海域使用现状调查,确保所有项目用海纳入海域使用管理,做到不留空白、不留死角。对符合海洋功能区划的已有项目用海,要限期办理海域使用权登记发证手续。对新上项目用海,要严格履行报批程序,既不允许少用多批、短用长批,也不允许少批多用、短批长用、化整为零。在审批项目用海过程中,切实把牵动地区经济发展的项目优先予以考虑,提高工作效率,尽量缩短审查审核时间,确保项目用海的及时上报。要严格实行行政责任追究制度,严肃查处越权审批、分散审批等违法行为。要认真开展围填海规划研究,制定围填海造地管理方法,建立评估指标体系,为严格审批围填海项目提供科学依据。审批围填海项目必须严格执行海域使用论证及评审制度。在海洋开发利用程度和海域资源利用价值比较高的地区,积极稳妥地依法推进海域使用权招标拍卖。要依法及时调处用海矛盾和纠纷,妥善处理群众信访案件,维护海域使用权人的合法权益。

(2)积极推行海域有偿使用制度,切实加强海域使用金征管。

海域使用金是国家海域所有权在经济价值上的具体体现,也是对海域资源进行配置的重要手段之一。省级海洋部门要按照统一部署抓紧制定科学合理的海域使用金征收标准,真实反映海域资源价值和供求关系。对围填海项目,要大幅提高海域使用金征收标准,通过经济手段加以遏制;对养殖用海,应当依法征收海域使用金,确实需要减免的,要严格履行审批手续。各级海洋部门在海域使用金征管工作中要坚持应收尽收、应缴尽缴。要会同财政部门建立统一、有效的稽查监督机制,组织开展海域使用金征缴检查,严肃查处违规征收、坐收坐支、不按规定比例结转海域使用金等违法违纪行为。同时,要积极向财政部门争取将海域使用金收入主要用于海域规划、整治、保护和管理。

7.1.3.3 因地制宜建立围填海造地的综合评估体系

尽管国家先后出台了一些政策法规，建立了海域使用管理和海洋功能区划制度，加大了对围填海工程的审批和管理，然而，由于缺少必要的技术支撑以及管理手段，仍无法有效抑制或根除不合理的围填海行为。各级政府在审批围填海工程项目时，虽然对项目进行了论证，但是基于每个项目是分散和独立的，难以放在整个海域大背景下考虑，往往造成单个项目可行、审批程序合法，但多个围填海工程集成结果就使海洋生态环境和海域资源造成严重破坏，导致整体不可行。而"海洋功能区划"管理对象是针对用海功能而不是用海方式，"工程用海区"、"渔业资源利用和养护区"、"旅游区"等都可以进行围填海，因而对围填海也缺乏足够的监管力度。因此，政府在依法审批围填海项目中十分被动。

近年来国家海洋局先后组织开展了"全国海洋功能区划"、"全国海域勘界"、国家重大专项"我国近海海洋综合调查与评价"(908专项)和其他专题调查项目等多项大型调查与研究工作，掌握了大量的海域环境、海洋生态、海岸带资源、海洋水文动力及海洋经济等背景资料，为国家采取有效的技术手段与管理措施，从根本上解决围填海带来的环境、资源与社会问题，提供了坚实的基础。2009年国家海洋局启动了"典型围填海综合评估体系与应用示范研究"公益性项目，通过对海域环境条件与特征、资源与环境承载力、生态环境保护要求与保障、围填海的社会经济发展需求以及围填海损益的综合评估等的分析研究，并通过对省级行政区围填用海的有效调控机制，不同海岸类型与重点围填用海项目的围填海评估体系、评估方法与示范应用，以及围填海生态系统服务功能影响与生态补偿价值估算等的研究，以期实现为我国围填用海项目空间布局和开发项目的合理化、围填用海规模与节奏的有效调控、围填用海项目的科学与规范化管理等，提供科学的方法与实践指导；为引导企业和地方政府科学用海，有效地协调经济发展与生态环境保护的矛盾，彻底改变围填海审批和管理的被动局面，建设资源节约、环境友好的海洋经济开发格局，提供技术、经验与方法。

7.1.3.4 改进围填海造地工程的平面设计方式

我国围填海方式大多采用海岸向海延伸、海湾截弯取直或利用多个岛屿为依托进行围填，不仅带来了自然岸线缩减、海湾消失、岛屿数量下降、自然景观破坏等一系列问题，还导致近岸海域生态环境破坏、海水动力条件失衡，以及海域功能严重受损等不良后果。如果围填海工程继续以粗放的方式快速推进，在整体上将大大降低我国海岸资源的利用效率，显著削弱海洋对国民经济和社会发展的巨大潜力。

在考察了大量的围填海工程平面布置后发现，日本对围填海工程的平面设计具有以下特点：在围填海方式上，以人工岛式居多，自岸线向外延伸、平推的极少；在围填海布局上，工程项目内部大多采用水道分割，很少采用整体、大面积连片填海的格局；在岸线形态上，大多采用曲折的岸线走向，极少采取截弯取直的岸线形态。

因此，我国应尽快转变围填海造地工程设计理念，切实改进围填海造地工程的平面设计方式，全面提升围填海造地工程的社会、经济、环境效益，最大限度地减少其对海洋自然岸线、海域功能和海洋生态环境造成的损害，实现科学合理用海。

平面设计的主要内容应包括工程用海面积、地理位置与布局、外轮廓形状、结构形式和主要区块功能等，建议主要采取人工岛式、分离式、多功能区块组合、曲折岸线形态等围填海方式。相关职能部门不但要大力宣传和推广这种科学的填海方式，把平面设计的先进理念贯穿于围填海工程的各个环节，更要将平面设计作为各级海洋管理部门审核围填海项目的依据之一，从理念到实践都彻底转变围填海造地工程的粗放模式，实现海洋经济的可持续发展。

7.1.3.5 建立生态修复与资源养护制度

在对围填海项目进行检查和清理的同时，要切实加强围填海区域的生态修复和资源养护工作。

(1)要加强围填海区域生态环境的治理和整顿。

从围填海的源头上控制海洋污染,严格控制陆源污染物入海总量,最大限度削减工业废水、生活污水、禽畜养殖污染物和城市污染物排放量,建设完备的工业废水、生活污水收集管网和处理设施,确保污废水达标排放,同时要加强海上监管,把围填海项目对海洋环境的危害减少到最低程度;要积极开展水生生物资源养护工作,加大海洋生物人工增殖放流力度,提高增殖放流效果。

(2)建立健全围填海区域生态补偿机制。

生态补偿包括围填海污染海洋环境的补偿和海洋生态功能的补偿。①制定水生生物资源及水域生态环境补偿办法,建立和完善工程建设项目的资源与生态补偿机制,加强水利水电、围垦、海洋海岸工程、海洋倾废等项目管理,减少对水生生物资源及水域生态环境造成的破坏。目前,生态补偿机制的立法是当务之急,亟须以法律形式,将补偿范围、对象、方式、补偿标准等的制定和实施确立下来。②实施生物多样性保护工程,保护海岸带和海洋重要生态系统,在具有较高经济价值和遗传育种价值的水产种质资源集中生长繁育区域,建立水生生物种质资源保护区,加快完成以濒危水生物种、海洋生态系统、滨海湿地为主体的保护区建设,提高保护区的建设质量和水平。③加强近海重要生态功能区的修复和治理,针对围填海区域生态环境的脆弱性,整治工程的原则是尽可能保持海湾的纳潮量,维持一定量的水体交换。通过大型的生态工程建设,改善海湾水动力条件,加快海湾内外水体交换,逐步改善近岸水域的水质和环境。④在重要海洋生态区域建设海洋生态监控区,强化海洋生态功能区的监测、保护和监管,开展海洋生态保护及开发利用示范工程建设,逐步改善沿岸的生态环境。

(3)制定海洋生态恢复计划。

要在诊断海洋生态系统受损程度、评价生态系统健康程度的基础上,制定海洋生态恢复计划。为此,要进行海洋生态环境的现状调查分析,根据分析结果诊断目前生态系统的受损程度,并对其进行健康状况评价,依据评价结果确定生态系统重建方案,主要包括水体恢复技术、土壤恢复技术、物种选育和培植技术等。同时，应根据新建生态系统的运行情况，采取后续管理措施，使其尽快达到自我良性循环和可持续发展的水平。

7.1.3.6　社会监管机制：完善公众参与制度

在环境影响评价制度中，真正对环境影响评价起监督制约作用的是公众。公众在环境影响评价制度中监督作用发挥的好坏，对于环境影响评价的全面性起着举足轻重的作用。如瑞典环境保护的一大特色就是公众的广泛参与，强调公众参与和信息公开，关注公众健康和环境的可持续发展。瑞典环境法将环境保护与每个人的切身利益紧密联系在一起。首先，瑞典环境法规定从事或拟从事有害环境活动的任何人都必须采取防止或者减轻环境损害的措施，人人都要承担起保护环境的义务；其次，环境监管机构在审查和颁发许可证时，必须充分听取公众的意见，而且任何人都享有参与保护和管理环境的权利，可以对被许可的活动提出环境方面的异议；再次，如果受到有害环境活动的不利影响，任何人都有权通过合法的渠道维护自己的正当权益。因此，要借鉴瑞典环境法对公众的广泛参与的有关规定，对于完善公众参与制度在建立和完善整个环境影响评价监督体系是非常重要的。

第一，制定专门的实施条例，使公众参与具体化。在公众参与的实施条例中，可以对公众介入环境事务时间、途径、程序等作出详细的规定，使公众参与具体化。

第二，完善公众参与的程序，以程序来保证公众参与功能的实现。我国的公众参与应当通过公众与其他环保主体之间的互动来进行。

第三，建立和完善信息公开制度。信息公开，不仅是公众参与政府决策的前提条件，更是公众参与环境影响评价程序的前提。有效的参与者应当是对项目有充分的了解，并对可能与决策者进行的交流做了充分准备的参与者。

第四，拓宽公众参与的范围必须多途径地公开环境信息，建立和健全海洋环境信息知情机制。海洋环境规划和计划、调查报告、海洋环境影响评价报告等资料应当向公众公开提供或者以某种方式让其查阅。环境政务也要公开,公众有权了解有关决策的制定依据和程序。而且应当制定专门法律,明确公开信息的内容和范围,依法保障公众的知情权和参与权。

7.2 理顺管理流程:基于围填海造地项目过程管理的需要

围填海项目从规划、论证、审批、实施到竣工以后的运行,是一个过程,而围填海的问题也产生和暴露于这个过程中,因此对围填海项目必须加强全面的过程管理。过程控制和管理是克服和避免围填海出现问题的重要环节。

7.2.1 搞好围填海造地的全面综合规划与管理

借鉴土地资源管理模式,构建国家、省、市、县多级围填海规划体系,并明确各级规划的法定地位,实现围填海从需求管理向供给调节的转变,提高各级政府对围填海的宏观调控能力,实施围填海年度总量控制和分类管理制度,发挥规划的引导和约束作用,优先保证国家能源、交通、工业等重大建设项目和重要公共基础设施建设的用海需求,防止海域资源的粗放利用和浪费。积极探索和建立围填海招标、拍卖等市场化配置海域资源的机制,同时应当结合必要的恢复地貌景观、自然美化等改良措施,提高围填海整体综合效益。

围填海规划的宏观布局要体现以下要求:第一,从国家全局出发制定沿海地区围填海的总体规划,划定一些重点地区并明确整体功能定位;第二,对围填海的重点地区要作出较为系统的总体空间规划;第三,对功能区内的围填海项目要进行平面规划,设计项目的布局与形态,并进行海岸形态与功能布局设计;第四,实施围填海造地的年度总量控制和分类管理制度,明确规定沿海地区每年可以围填海的面积总量;第五,明确禁止围填海造地的区域,尽量减少填海面积。要明确不得在以下区域围填海造地:(1)具有典型的海洋自然地理区域、有代表性的自然生态区域以及遭受破坏但经保护能恢复的海洋自然生态区域;(2)海洋生物物种高度丰富的区域或珍稀、濒危海洋生物物种天然集中的分布区域;(3)具有特殊保护价值的海域、海岸、岛屿、滨海湿地、入海河口和海湾等;(4)天然港湾有航运价值的区域;(5)重要苗种基地和养殖场所及水面、滩涂小的鱼、虾、贝、藻类的自然产卵场、繁殖场、索饵场及重要的洄游通道;(6)具有重大科学文化价值的海洋自然遗迹所在区域,以及其他需要予以特殊保护的区域。

在微观层面上,要合理选择围填海方案。根据围填海需求,科学设计围填海方案(包括地理位置与范围等),在进行水动力、环境容量、化学环境、生物生态、海洋资源和社会经济综合预测评估的基础上,对围填海方案作综合分析与优选。要用新的围填海理念,改变过去简单的滩涂填平方法,由海岸向海延伸式围填海逐步转变为人工岛式和多突堤式围填海,由大面积整体式围填海逐步转变为多区块组团式围填海。建议每个重大用海项目都要负责建设一座人工鱼礁区,建设一片红树林或一个保护区。

7.2.2 建立并完善围填海造地的战略论证制度

围填海造地是改变海域自然属性的用海活动,技术要求高、施工难度大,必须在充分调查评价的基础上,采用数学模型研究或物理模型试验等科学手段,对工程附近海域水动力要素变化及周边环境影响等进行科学、综合的论证,编制围填海造地规划。围填海造地规划应当符合海洋功能区划,并与海洋环境保护规划、土地利用总体规划、城乡规划、港口规划、防护林规划、湿地保护规划等相衔接。

目前多数围填海项目的论证只局限于局部评价、个别论证,这样做的后果是某围填海项目局部论证可行,而区域整体分析可能不可行。这种现象在一些跨省市、半封闭海湾的围填海工程项目中表现得尤为突出。

1. 重视围填海论证和设计的科学性、系统性

(1)加强“战略论证”,即不仅要对单个围填海项目进行论证,更要从区域总体布局出发,综合论证区域内所有围填海项目给海洋环境造成的系统影响,甚至叠加效果。从宏观上控制围填海规划实施后可能对海洋环境产生影响的主导方向。这在实践中已有成功先例,如福建省政府出资1 500多万元,根据沿海各地的用海需求,组织国内权威的海洋单位和相关专家,对13个海湾进行考察论证。2010年9月初澳门新城区围填海项目进行了了相关的“战略论证”。澳门新城区填海工程分别位于澳门半岛东北部、澳门半岛南部和氹仔北部的三个不同位置,这次围填海工程海域使用论证是从总体布局出发,为填海工程的5个区块A、B、C、D、E制定了一个战略性规划,而不是单独对每个区块进行论证。如果单独对于A区、B区和C、D、E区分别进行论证,其对于海洋环境的整体影响和叠加效果就会被忽略。

(2)加强“综合论证”,同时,应防止围填海项目施工过程中对于环境的影响以及风险事故。应该对施工期间所造成的环境影响、环保工作情况进行跟踪评估,才能使科学论证落到实处。

2. 建立高水平的专家论证委员会

要按照“海域使用论证报告书”的基本要求,辅以工程技术方面的内容,成立高水平的专家论证委员会,对建设项目进行评估和审核,为科学决策提供技术支持。围填海造地项目的海域使用论证,要制定出严格的论证大纲,对围填海造地引起水动力条件改变、对其他开发利用活动的影响及效益评估进行深入地分析预测,减少盲目性。同时要建立论证单位、评审专家责任追究制,严把论证评审关。

3. 严格执行围填海听证制度

根据2006年11月2日起实施的我国《防治海洋工程建设项目污染损害海洋环境管理条例》,加大对包括围填海、人工岛、养殖、海洋矿产资源开采等海洋工程建设项目的有效管理,实行海洋工

程环境影响评价制度，海洋主管部门在核准海洋工程环境影响报告书前，应当征求海事、渔业等相关部门的意见，其中围填海工程必须举行听证会。

7.2.3 严格围填海项目的审批制度

(1)进一步修改现行法律，严格把关用海项目的申请和审批环节。2002年1月1日施行的《中华人民共和国海域使用管理法》中部分条款应进一步细化，如在“单位和个人申请使用海域应当提交的书面材料”部分，应增加“跨省市、半封闭海湾围填海、填海项目用海，需进行区域海域使用论证”一款；在“应当报国务院审批的用海项目”部分，应增加“跨省市、半封闭海湾围填海、填海项目用海”一款，以此来严格规范各地区的填海、围填海等改变海域自然属性的用海活动，打破行政区划对于工程项目的管理局限。

(2)项目审批前，严格执行海域使用现场勘察制度，每宗项目用海在受理之后必须进行现场勘察，全面真实地掌握用海信息。

(3)必须充分征求有关部门意见，严把用海项目准入关。密切与各级发改委的沟通协作，加强对国家、省重点建设项目立项前预审，会同发改委对项目选址、用海规模提出意见，避免立项后再予否决造成被动。加大与环保局的沟通协调工作，依据减排指标、政策规定，对不符合节能减排政策要求的项目实行“一票否决制”。按照国家项目建设开工建设“六项必要条件”对国家调控的十大行业，加强部门联动，协同把关。围填海造地的审批权限不得下放。

7.2.4 建立围填海项目的跟踪检查和动态监测机制

各级海域管理部门都应严格按照法律和国务院规定的要求，进一步提高加强围填海造地管理工作的认识，尊重科学规律，加强围填海造地的执法监察，严肃查处非法围填海行为，杜绝非法围填海活动。

围填海项目实施后，项目审批部门、海洋执法部门、地方政府相关部门要彼此沟通、相互协调，对项目实施的全过程进行跟踪检查和动态监测，采取定期检查和不定期抽查等方式，监控项目实施过程，及时发现和纠正各种违规或不规范的行为。跟踪检查和动态监测的重点是施工范围与边界、工程质量以及各项技术、环保的指标等。要严格执行海域使用和围填海项目环保竣工验收制度，使监管工作贯穿于工程建设的整个过程，以便于及时发现、总结经验和教训，并为今后围填海政策制定和规划研究提供依据，引导围填海活动走健康、可持续发展之路，使海域这片珍贵的资源能够得到永续利用。

具体来讲，海洋综合管理部门应在现有人力资源和技术力量的基础上，以卫星遥感、航空遥感和地面监视监测为数据采集的主要手段，实现对围填海活动的实时监视监测；以先进、实用和可靠的数据传输与处理技术，实现监视监测数据的完整、安全和及时传递；以政府管理和社会需求为导向，构建由海域使用动态监控与指挥办公、海域使用动态监视监测业务管理、海域动态评价与决策支持三个应用系统组成的国家海域使用动态监视监测管理系统，重点加强对围填海造地的总量控制与分类控制；建立国家、省、市、县四级围填海工程动态监视监测业务体系，形成业务化运行机制；通过本业务化系统的运行，确保我国各级海域使用管理部门能实时把握围填海项目的发展态势，适时制定或调整我国围填海造地管理政策，实现办公数字化、管理规范化和决策科学化；同时确保社会公众能及时了解我国围填海造地管理政策和围填海工程的现状、发展趋势，实现科学、适度围填海。

值得一提的是，要逐步建立和完善海域使用执法监督检查制度，强化海域使用管理的执法监督工作。沿海县级以上地方人民政府海洋行政主管部门及其所属的中国海监机构要加大执法力度，整顿和规范海域使用管理秩序，对《海域使用管理法》实施后未经批准非法占用海域，无权批准、越权批准或者不按海洋功能区划批准使用海域，擅自改变海域用途等违法行为的，要严格按照《海域使用管理法》的有关规定，追究有关当事人的法律责任。

7.2.5　建立围填海造地的后评估制度

政府立法的后评估制度是指政府规章和规范性文件公布施行后，制定机关和实施机关要及时收集分析各方面的反映，认真总结施行情况，定期进行清理评估。坚持"立、改、废"相结合的原则，对于不解决实际问题、得不到人民群众拥护的，时过境迁、失去继续实施必要的，要进行及时修订或废止。

就围填海造地管理而言，不仅要看围填海带来的近期效益，更要看围填海项目所产生的环境影响和社会影响，不能用牺牲海洋生态来换取一时和局部地区的经济利益。围填海造地的后评估，主要是对工程实施后对毗邻资源、环境的影响，对毗邻区海洋产业的影响，对区域经济社会发展的影响等作出公正、客观的分析，对可能带来的问题提出警示。同时，在对围填海造地进行评估和评价过程中，要强调公众参与和信息公开，建立和完善公众参与和信息公开的制度，保障社会公众的知情权和参与权。

从围填海造地的实践来看，后评估制度的关键是确定评估标准。在操作过程中，笔者认为对围填海造地管理的评估标准主要有效果标准、效率标准、效应标准三类：

(1)后评估制度的效果标准主要衡量围填海管理制度实施后产生的各种结果与影响。在使用效果标准时，评估者需要了解以下信息：第一是围填海管理目标的实现状况，即预定的目标实现了没有，是完全实现了，还是只实现了一部分？原来的政策问题是否得到解决，是部分解决，还是完全解决？第二是围填海管理政策的总体效果状况，即政策实施后对整个社会产生何种影响，已造成和正在造成什么后果？第三是围填海管理政策的全部效果状况，即政策实施后有哪些正、负面的效果？有哪些经济、非经济效果？

(2)后评估制度的效率标准是衡量政策取得的效果所耗费的政策资源的数量，它通常表现为政策投入与产出之间的比例。政策投入包括政策活动过程所投入的人力、物力、财力、信息和时间等。政策产出是政策执行过程中产生的结果。效率标准与效果标准既有区别,又有联系。效果标准关心的是有效执行政策,达到政策预定目标;效率标准关心的是如何以最小的政策投入得到最大的政策产出。因此,效率与效果之间有时并不统一。一次政策执行的高效率,未必能实现预定的政策效果;一次达到预定目标的政策执行,未必是高效率的。因此,政策的效率必须首先建立在政策的效果上,没有效果的效率是无用的。

(3)后评估制度的效应标准是以围填海管理政策实施后对社会发展、社会公正、社会回应影响的大小来评估政策的标准。这是最高层次的评估标准。这一标准又可分为生产力标准、社会公正标准、公众回应标准三个层次。首先是生产力标准。任何公共政策,其最终结果的衡量标准是看它是否有利于生产力的解放与发展。离开这一根本标准,后评估制度就会偏离社会的基本发展方向。其次是社会公正标准。社会公正标准反映出围填海管理政策成本及收益在不同群体或阶层中间分配的公平程度。第三是公众的回应标准。围填海管理政策是对公众利益的协调,围填海管理政策实施的效应如何,只能以公众的满意程度来衡量,它包括有多少人表示满意,获得满足的程度如何?围填海管理政策实施后,公众对政策是积极回应,还是消极回应,或者是不作回应等等。

7.3 夯实管理基础:建立围填海造地管理的科学支撑体系

加强围填海造地管理与科学技术的结合,强化政府决策部门与科研院所的交流,依靠科学技术进行决策,应用先进的科技手段进行管理,是政府高效管理围填海造地的基础。

(1)建立围填海造地管理的科学咨询机制。聘请海洋、经济、规划、法律、港口、工程、环境保护等方面的专家、顾问,成立不同层级的海洋专家组,对有关海洋规划、围填海造地、海域开发建设和海洋生态环境保护等方面工作进行咨询和论证,为政府和有关管理部门决策提供科学依据。

(2)完善围填海造地管理的指导性文件。组织海洋、规划、工程等专业人员根据不同时代经济社会发展的客观需要修订、完善海域功能区划,确定沿海各海域各综合功能区的主导功能、兼顾功能和限制功能。各级政府应组织相关部门进行审议,并在相关法规中明确海域功能区划的法律地位与效力;并在此基础上组织编制各海域的《海域使用规划》,为围填海造地管理和海洋生态环境保护提供科学依据。

(3)组织编制《"十二五"海洋经济发展规划》,严格控制"十二五"期间围填海造地的规模。围填海规划的制定应有资料翔实、精确的科学依据,应考虑生态修复和生态建设。围填海只能限制在环境承载能力许可范围之内,应以最大限度保护滩涂的生态环境为前提;围填海应根据其自然淤涨的能力来确定开发的规模,使社会经济活动对生态环境的负荷最小化,并将社会经济活动对生态环境的负荷控制在资源供给能力和环境自净容量之内。因此,通过综合平衡各行业发展规划,形成集港口、航运、渔业、旅游、临海工业、海洋科技、环境保护和综合管理为一体的、可操作性较强的综合性近远期发展规划,把行业规划统一为综合规划,指导各海洋产业健康协调发展。根据沿海各省市海洋经济发展的情况,严格控制围填海造地的规模。国家除了"严格控制围填海",还应该对围填海的总面积进行控制,明确规定沿海地区每年可以围填海面积总量。另外,对于哪些地方能够填、哪些地方不能填也应该有明确界定。比如对于海洋生态环境质量较差、生境较敏感、具有较高保护需求的海域应该禁止围填海活动。只有这样才能更加有效控制盲目的围填海行为,降低海洋环境的损害程度。

(4)组织开展中长期的科学研究。政府提供围填海造地研究的科研经费,设立专题,发挥海洋专家组的作用,组织国家海洋局、科研院所等科研单位的海洋专家,围绕海域环境调查与保护,海域使用结构调整,港口、沙滩等海洋资源开发与保护,围填海造地期初、期中、期后的生态环境影响,海洋科技在围填海造地管理中的应用等，进行专题研究，为围填海造地管理提供重要的技术支撑。

(5)在围填海造地管理中应用先进技术手段。完成“海域功能区划地理信息系统(GIS)”建设和海域管理信息建库工作；配置高精度全球卫星定位系统(GPS)并进行专门使用培训，完成GIS、GPS结合工作；利用卫星遥感技术(RS)建立沿海各海域使用管理影像数据库，建库工作基本完成，并实现与GIS结合应用和适时更新。同时，引入数模、物模研究成果，开发海洋三维模型；提高围填海造地管理手段的技术水平。

8 结语

海洋为人类提供了丰富的食物、油气、矿产资源和广阔的发展空间，在陆地资源日益枯竭的今天，加快发展海洋经济已成为世界各国普遍共识。

我国自成立至上个世纪90年代中期，沿海地区先后兴起了三次大的围填海造地高潮：第一次是新中国建国初期的围填海晒盐；第二次是20世纪60年代中期至70年代，围垦海涂扩展农业用地；第三次是20世纪80年代中后期到90年代中期的滩涂围垦养殖热潮。

进入21世纪，沿海地区经济社会持续快速发展，城市化、工业化和人口集聚趋势进一步加快，客观上加大了对陆地土地资源的需求。在这一背景下，沿海地区兴起了第四次围填海造地热潮，其主要目的是建设工业开发区、滨海旅游区、新城镇和大型基础设施，缓解城镇用地紧张和招商引资发展用地不足的矛盾，以及实现耕地的占补平衡。

根据生态学家的研究，一定的生态系统一般都具有调节、生境、生产和信息四种功能，海洋生态系统包括特定海域或海岸带自然形成的各种生态系统也都具有这四种功能。毫无疑问，围填海造地覆盖了一定的海域或滨海湿地等区域，也就埋葬了在这些区域形成的生态系统及其具有的服务功能。围填海造地会造成海洋自然性状的变化：海域物理特性发生变化；海陆依存关系发生变化；以海洋及海岸带为依存条件的海洋生态系统发生变化。这些变化随着围填海、填海建设项目不断增多，由其导致的赤潮、绿潮等海洋灾害性突发事件频繁发生，海洋环境保护工作面临的压力越来越大，在这种背景下，如何协调规模控制围填海和海洋经济发展、利用海洋资源与保护海洋生态的关系是相关政府部门面临的一个新难题。只有建立一套更科学严格的围填海造地管理制度，才能在满足建设用地需求的同时，确保蓝色国土的安全。本论文在回顾我国围填海造地发展历程的基础上，运用实证分析的方法评价了围填海造地的生态环境效益、经济效益与社会效益。针对我国围填海进程中出现的问题与矛盾，论文梳理了我国加强围填海造地管理的制度与政策，指出了我国在围填海立法、管理制度、管理体制、监管体制等方面存在的缺陷与不足，在借鉴荷兰、日本、美国围填海管理经验的基础上，分析了我国围填海造地的未来发展趋势，提出了重新设计围填海管理制度的基本原则，并基于海洋综合管理、围填海造地过程管理的需要，从宏观到微观，从整体到局部，重新架构了围填海的管理制度。

制度框架的完善尚需时日，但针对当前我国围填海造地以及围填海造地管理存在的问题，特别是围填海造地已对沿海海洋生物资源和生态环境造成的破坏，当务之急是沿海地区应着手解决围填海造地所产生的资源环境问题：

(1)加大现有法规政策的落实力度，严格控制围填海规模。

对于土地资源紧缺的沿海地区来说，完全不进行围填海造地是不可能的。为此，国家应逐步严格实施审批管理制度，引导围填海工程朝着科学、有序的方向发展。沿海各级政府及相关管理部门应依法加强海域使用规划的贯彻实施，对海域资源的开发、利用、整治及保护在时间和空间上作总体的战略安排，协调好各类用海的需求，合理调整海域利用结构和布局，提高海域利用率和产出率，促进海域资源集约利用和优化配置。

尽量选择在海洋环境较差的地区进行围填海造地。对于国家明令禁止以外的海域，如建港条件差、养殖不发达、无敏感保护目标、受海蚀作用强烈的近海滩涂，在符合围填海造地规划要求、遵守建设项目环境保护管理规定的条件下，可以适当围垦，但围垦范围应尽量控制在中、高潮带以上的荒滩、荒地，以减少湿地的损失。

对于那些目前“看不准”、“难预见”、“有争议”的围垦项目，宁可暂时将其搁置，也不要盲目轻率决策。

不得在以下区域围填海造地：①具有典型的海洋自然地理区域、有代表性的自然生态区域以及遭受破坏但经保护能恢复的海洋自然生态区域；②海洋生物物种高度丰富的区域或珍稀、濒危海洋生物物种天然集中的分布区域；③具有特殊保护价值的海域、海岸、岛屿、滨海湿地、入海河口和海湾等，如具有重要科研价值的海洋自然历史遗迹；④天然港湾有航运价值的区域；⑤重要苗种基地和养殖场所及水面、滩涂中的鱼、虾、贝、藻类的自然产卵场、繁殖场、索饵场及重要的洄游通道；⑥具有重大科学文化价值的海洋自然遗迹所在区域，以及其他需要予以特殊保护的区域。

围填海造地建设中禁止毁坏海岸防护林及保护设施、风景林、风景石和红树林、珊瑚礁；不得改变、破坏、污染国家和地方重点保护的野生动植物的生存环境；不得造成海岛地形、岸滩、植被以及海岛周围填海域生态环境的破坏。

(2)尽早建立围填海生态资源补偿机制。

围填海造地对海洋生物资源和沿海生态环境的影响是毋庸置疑的。目前，虽然大部分围填海项目事先都与利益相关者达成了征用补偿协议，但围填海区域国有自然资源的损失，以及围填海对海洋生态环境的损害补偿却陷入了管理空白。今后，在围填海项目的海洋环境影响评价报告和海域使用论证报告中，应体现自然资源和生态环境损失补偿的内容，并最终建立相关的生态资源补偿机制。同时，要健全有关法规和配套制度，使生态补偿更具合法性和可操作性。

因此，为了保护海洋生物资源多样性、维护生态环境平衡，应尽快制定出台我国围填海造地资源和生态环境补偿办法和标准，对围填海造地后可能带来的资源、生态环境问题提出切实可行的补救措施。一是依据《中国水生生物资源养护行动纲要》，建立围填海水域生态补偿机制。二是健全生态补偿计量规则。遵循理论计算值与实践相结合的原则制定围填海生态补偿标准，并结合当地经济发展水平、收入水平、价格水平等实际情况量力而行；或者以同区域内的土地价格为参照，对围填海造地收取生态补偿金。三是建立生态补偿监督机制，解决补偿措施如何落实、怎样监督落实的问题。

从政府层面来看，建立围填海生态补偿机制，可以对围填海工程进行成本效益分析，进而把围填海造成的生态资本损失内部化，进行全要素的成本效益分析。把围填海的投入、经济收入和环境破坏都用货币进行衡量，这样政府部门在审批围填海工程之前，就容易明确围填海工程造成的生态资本损失是否可以接受，衡量围填海的经济收益是否比其造成的生态资本损失高、高多少。从投资者层面来看，围填海工程必须缴纳生态补偿费，投资者才能作为理性经济人进行理性的围填海活动。

(3)加强围填海区域生态环境的治理和整顿。

围填海活动必须考虑环境和生态效应，尽可能减少围填海活动对海洋生物和环境的直接和间接影响。

①从源头控制海洋污染。实施严格的陆源污染物入海总量控制，努力削减工业废水、生活污水、禽畜养殖污染和城市面源污染等陆源污染物排放量。加快城镇河涌整治，建设完备的工业废水、生活污水收集管网和处理设施，确保污废水达标排放。切实抓好海上流动污染源的整治工作，严格海上倾废管理，防止新污染源的产生。同时要加强海上监管，把对海洋环境的危害减少到最低程度。

②要积极开展水生生物资源养护。加大海洋生物人工增殖放流力度，提高增殖放流效果。严格执行休渔制度，坚决打击电、炸、毒鱼等破坏海洋生物资源的行为。同时，要制定水生生物资源及水域生态环境补偿办法，建立完善工程建设项目资源与生态补偿机制，加强水利水电、围垦、海洋海岸工程、海洋倾废等项目管理，减少对水生生物资源及水域生态环境的破坏。

③实施生物多样性保护工程。要按照国家的要求，在具有较高经济价值和遗传育种价值的水产种质资源集中生长繁育区域，

建立水生生物种质资源保护区，加快完成以濒危水生物种、海洋生态系统、滨海湿地为主体的150个保护区建设，提高保护区的建设质量和水平。

④保护海岸带和海洋重要生态系统。一是加强现有海洋自然保护区和海洋生态特别保护区的建设，并规划建设一批新的具有保护价值的海洋自然生态、自然遗址、地质地貌、种质资源、珍稀濒危物种、滨海湿地等海洋自然保护区，重点保护珊瑚礁、红树林和重要海洋生物资源。二是加强近海重要生态功能区的修复和治理。针对围填海区域生态环境的脆弱性，整治工程的原则是尽可能保持海湾的纳潮量，维持一定量的水体交换。通过大型的生态工程建设，改善海湾水动力条件，加快海湾内外水体交换，逐步改善近岸水域的水质和环境。在重要海洋生态区域建设海洋生态监控区，强化海洋生态功能区的监测、保护和监管，开展海洋生态保护及开发利用示范工程建设，逐步改善沿岸的生态环境。三是沿岸可开辟为城市景观岸段，提升城市的整体形象。四是加快沿海防护林建设工程，加强海岸工程的环境管理和海岸带保护管理。五是加强对陆源污染物的治理和控制，减少污染物进入近海水域。

(4)在诊断生态系统受损程度的基础上，加强围填海区域的生态修复。

进行生态环境现状调查分析，根据分析结果诊断目前生态系统的受损程度，并对其进行健康评价，依据评价结果确定生物选种和后续工程措施的规模。

按照生态系统演替理论和生态位原理合理组建与配置生态系统结构，结合景观生态学原理合理设计区域生态系统布局和各生态系统之间的生态廊道。生态系统重建主要包括水体恢复技术、土壤恢复技术及物种选育和培植技术。

①水体恢复技术。在污水容易收集的地区，可以利用土地处理系统对污水进行处理，在净化污水的同时达到土壤洗盐的目的。一般情况下，可以采用咸水淡化技术抽取浅层地下苦咸水进行简易淡化，使其达到绿化用水要求，为生态系统重建工作提供水源。

②土壤恢复技术。结合地形,利用明沟与暗管相结合的方式进行土壤快速脱盐、合理施肥,增加土壤肥力。

③植物选育和培植技术。依据改良后的土壤成分和结构,选育和引种适合滨海地区生态环境的物种。

生态系统重建技术并不是这三种技术的简单叠加,水体恢复过程进行的同时也在进行土壤恢复,土壤恢复是植物选育和培植的基础,而植物的生长则加速了水体和土壤恢复。

同时,根据新建生态系统的运行情况,提出后续管理措施,以使其尽快达到自我持续发展的水平,也是加强后续管理的重要途径。

(5)坚持科学围填海,力求经济效益、社会效益和环境效益的一致性。

很多沿海国家坚持以高利润、高附加值开发为主,将围填海新造土地主要用于港口码头、工矿企业、旅游业发展和城市建设。配置于海边的那些炼油、石化、钢铁、造船等资源消耗型企业,由于原料码头与产品码头往往成为工厂的一部分,中转运输费用明显减少,因而经济效益大幅提高。在日本,东京湾、伊势湾、大阪湾、濑户内海20多个新兴工业中心都建在围填海土地上;13个大型钢铁联合企业和所有大型造船厂、炼油厂、汽车厂、石油化工厂,也建在新陆上。在韩国,2008年10月,国务会议变更了新万金围垦土地开发构想,将原计划72%的农用地减少为30%,围填海形成的土地主要用于第二、第三产业开发。

国外在围填海方面的这些有益做法,对我国更加科学、合理地开展围填海活动具有很好的启发:

①改造水利设施,增强纳潮功能,提高海水环流能力。通过对围填海造地工程的相关水利设施进行改造,增强纳潮能力,改善围内与围外的水体交换条件,提高海水的环流能力,既可改善水质,也减轻了海湾的淤积。

②发挥资源优势,调整围内生产结构,进行功能定位规划。目前,种植的定位和养殖的发展存在很大矛盾,而水利设施也与养殖

的进一步发展不相适应,应该在充分征求当地群众意见的基础上,通过科学论证,对围填海造地进行统一的功能定位规划,按照"宜种则种、宜养则养"的原则,进行合理规划。

③加强围填海造地相关生产的行业指导。相关主管部门应加大指导力度,适度扶持。由于工程改造和整治等投资较大,而地方财政较为困难,建议省财政给予适当支持。

(6)规范海洋综合管理标准。

海洋综合管理的标准化集中在以下几个方面:一是围绕海域使用管理,需要进一步制定完善区划规划编制报批、海域使用权招标拍卖、海域使用权流转、海域使用金减免、海域使用施工监测和竣工验收、海域使用论证等管理办法。围绕海洋环境的修复保护、污染控制,应尽快制定和完善重点生态防控区(养殖区、海水浴场、入海河口、生态敏感区)监视监测、海洋资源和生态修复、海洋生态补偿、海洋防灾减灾和应急救援、海洋和海岸工程环境影响评价等管理办法。二是要在海洋综合管理的内部审批管理程序上标准化。要规范受理登记、现场踏勘、海籍调查、审核报批、档案管理等工作,严格按照规定的时限、程序进行海洋行政审批。三是逐步探索重点海域污染控制标准化。要深化重点海湾、养殖区、入海河口、生态敏感区环境容量的研究,逐步建立总量控制制度和达标排放制度。四是规范海洋环境监测、海洋环境影响评价、海域使用论证、海域测量标准。

参考文献

[1] Cicin-Sain B, Kneeht R. Integrated Coastal and Ocean Management: Concepts and Practices [M]. Washington, D. C: Island Press, 1998.

[2] 克拉克著,吴克勤,杨德全,盖明举译. 海岸带管理手册[M]. 北京:海洋出版社,2001.

[3] Mazlin B. Molthtar, Sarah Aziz Bt. A. Ghani Aziz. Integrated Coastal Zone Management Using the Ecosystem Approach, Some Perspectives in Malaysia [J]. Ocean&Coastal Management, 2003(46).

[4] Xue Xiongzhi, Hong Huasheng. Lessons Learned From 'Decentralized' ICM: an analysis of Canada's Atlantic Coastal Action Program and China's Xiamen ICM Program Julia McCleave [J]. Ocean & Coastal Management, 2003(46): 59-76.

[5] Marcel Taal, Jan Mulder. 15 years of coastal management in the Netherlands: Policy, implementation and knowledge framework [M]. National Institute for Coastal and Marine Management. 2006.

[6] Gustavson K, Kroeker Z, Walmsley J, Juma S. A Process framework for coastal zone management in Tanzania [J]. Ocean &Coastal Management, 2009, 52(2).

[7] Davis. Reclamation in Japan[J]. Nature, 1987(325).

[8] Mahmood H R, Twigg D R. Statistical analysis ofwater table Variations in Bharain [J]. Quarterly Journal of Engineering Geology, 1995, 28: 63-64.

[9] YIP SY. The Ecology of Coastal Reclamation in HongKong [D]. HongKong: University of HongKong, 1978.

[10] Lee, H. D., H. B. Chang. Economic valuation of tidal wetlands in Korea: Economic and Policy implication [M]. Korea Maritime Institute and University of Rhode Island, 1998.

[11] De Groot, R S Wilson, A Boumans, R J. A Typology for The Classification Description and Valuation of Ecosystem Functions Goods and Services [J]. Ecological Economics, 2002 (41).

[12] Pew Oceans Commission. Planning the Sailing of Ocean Industry in USA [M]. Beijing: Ocean Press, 2005.

[13] Dong-Oh Cho. Comparative Analysis of Ocean Governance: Republic of Korea and the U. S. [J]. 2006, 12.

[14] Park. S R, Kim. J H, Kang. C K, An. S, Chung. I K, Kim. J H, Lee. K S. Current Status and Ecological Roles of Zostera Marina After Recovery from Large-scale Reclamation in Nakdong River Estuary, Korea [J]. Estuarine, Coastal and Shelf Science, 2009, 81(1): 38-48.

[15] 于谨凯. 我国海洋产业的持续发展研究[M]. 北京:经济科学出版社, 2008.

[16] 杨金森,秦德润,王松霈. 海岸带和海洋生态经济管理[M]. 北京:海洋出版社, 2000.

[17] 林桂兰,左玉辉. 海岸带资源环境调控[M]. 北京:科学出版社.

[18] 恽才兴,蒋兴伟. 海岸带可持续发展与综合管理[M]. 北京:海洋出版社.

[19] 栾维新. 论我国沿海地区的海陆经济一体化[J]. 地理科学, 1998(4).

[20] 任东明,张文忠,王云峰. 论东海海洋产业的发展及其基地建设[J]. 地域研究与开发, 2000(3).

[21] 韩立民,刘康等.象山海陆一体化发展纲要[J].浙江象山县政府委托研究课题,2006(9).
[22] 权衡.中国区域经济发展战略理论研究述评[J].中国社会科学,1997(6).
[23] 魏后凯.区域经济发展的新格局[M].昆明:云南人民出版社,1995.
[24] 曾坤生.论区域经济动态协调发展[J].中国软科学,2000(4).
[25] 陈栋生.论区域协调发展[J].北京社会科学,2005(2).
[26] 周国富.中国经济发展中的地区差距问题研究[M].大连:东北财经大学出版社,2001.
[27] 李吉强,高伟,迟晓.胶州湾滩涂养殖业存在的问题与对策[J].渔业致富指南,2006(20).
[28] 边淑华,夏东兴,李朝新.胶州湾潮汐通道地貌体系[J].海洋科学进展,2005,23(2).
[29] 刘洪滨,张树枫,孙梦元.环湾保护拥湾发展战略研究——国内外海湾城市发展研究[M].青岛:青岛出版社,2008.
[30] 孙松,张永山,吴玉霖,等.胶州湾初级生产力周年变化.海洋与湖沼,2005,36(6):481-486.
[31] 吴桑云,王文海.海湾分类系统研究[J].海洋学报,2000,22(4):83-89.
[32] 杨鸣,夏东兴,谷东起,等.全球变化影响下青岛海岸带地理环境的演变[J].海洋科学进展,2005,23(3).
[33] 李乃胜,于洪军,赵松龄,等.胶州湾自然环境与地质演化[M].北京:海洋出版社,2006.
[34] 刘洪滨,孙丽.胶州湾围垦行为的博弈分析及保护对策研究[J].海洋开发与管理,2008,25(6).
[35] 吴永森,辛海英,吴隆业,等.2006年胶州湾现有水域面积与岸线的卫星调查与历史演变分析[J].海岸工程,2008,27(3).
[36] 贾怡然.填海造地对胶州湾环境容量的影响研究[D].青岛:中国海洋大学,2006.

[37] 戴纪翠,宋金明,李学月,等.人类活动影响下的胶州湾近百年来环境演变的沉积记录[J].地质学报,2006,80(11).
[38] 李玉,俞志明,曹西华,等.重金属在胶州湾表层沉积物中的分布与富集[J].海洋与湖沼,2005,36(6).
[39] 陈正新,王保军,黄海燕,等.胶州湾底质痕量元素污染研究[J].海洋与湖沼,2006,37(3).
[40] 陈小睿,宫海东,单宝田,等.胶州湾海洋微表层铜络合的容量[J].环境科学,2006,27(5).
[41] 蒋文婷.浅谈胶、莱两湾污染区的综合治理[J].海岸工程,2007,26(3).
[42] 耿以龙,王希明,陈庆道,等.青岛胶州湾湿地水鸟资源现状及保护对策[J].湿地科学与管理,2006,2(2).
[43] 曾晓起,朴成华,姜伟,等.胶州湾及其邻近水域渔业生物多样性的调查研究[J].中国海洋大学学报,2004,34(6).
[44] 王娜,王诗成.修建胶莱人工海河对渔业海洋及生物多样性保护的影响预测[J].齐鲁渔业,2007,24(12).
[45] 张军岩,于格.世界各国(地区)围填海造地发展现状及其对我国的借鉴意义[J].国土资源,2008(8).
[46] 黄日富.荷兰围填海拦海工程考察的启示[J].南方国土资源,2006(6).
[47] 陶鼎来.荷兰、韩国围填海造地成就斐然[J].世界农业,1996(10).
[48] 李荣军.荷兰围填海造地的启示[J].海洋管理,2006(3).
[49] 吕彩霞.世界主要海洋国家海洋管理趋势及我国的管理实践[J].中国海洋报,2005(3).
[50] 于格,张军岩,鲁春霞,谢高地,于潇萌.围填海造地的生态环境影响分析[J].资源科学,2009(2).
[51] 李宜良,于保华.美国海域使用管理及对我国的启示[J].海洋开发与管理,2006(4).
[52] 吕晓澜.荷兰王国围填海造地的经验[J].浙江国土资源,2007

(10).
[53] 孙军.荷兰的围填海造地工程[J].新农村,1998(2).
[54] 凌启鸿.荷兰围填海造地的经验[J].经济社会体制比较,1985(2).
[55] 徐祥民.区域海洋管理:美国海洋管理的新篇章[J].中州学刊,2009(1).
[56] 石莉.美国的新海洋管理体制[J].海洋信息,2006(3).
[57] 张灵杰.美国海岸海洋管理的法律体系与实践[J].海洋地质动态,2002(3).
[58] 周放.美国海洋管理体制介绍[J].全球科技经济瞭望,2001(11).
[59] 姜雅.日本的海洋管理体制及其发展趋势[J].国土资源情报,2010(2).
[60] 倪晋仁,秦华鹏.填海工程对潮间带湿地生境损失的影响评估[J].环境科学学报,2003(3).
[61] 郭伟,朱大奎.深圳围填海造地对海洋环境影响的分析[J].南京大学学报(自然科学版),2005(3).
[62] 胡小颖,周兴华,刘峰,彭琳,辛海英,杨凤丽.关于围填海造地引发环境问题的研究及其管理对策的探讨[J].海洋开发与管理,2009(10).
[63] 翁国华.浅谈如何合理高效的开展围填海造地工程[J].水利技术监督,2009(2).
[64] 李具恒.广义梯度理论:区域经济协调发展的新视角[J].社会科学研究,2004(6).
[65] 颜鹏飞,阙伟成.中国区域经济发展战略和政策:区域协调型经济增长极[J].云南大学学报(社会科学版),2004(4).
[66] 兰肇华.我国非均衡区域协调发展战略的理论选择[J].理论月刊,2005(11).
[67] 徐现祥,舒元.协调发展:一个新的分析框架[J].管理世界,2005(2).

[68] 曾坤生.论区域经济动态协调发展[J].中国软科学,2000(4).
[69] 国家发展改革委宏观经济研究院国土开发与地区经济研究所课题组.区域经济发展的几个理论问题[J].宏观经济研究,2003(12).
[70] 陈耀.推动我国区域协调发展的新思路[J].中国社会科学院院报,2006(3).
[71] 樊明.市场经济条件下区域均衡发展问题研究[J].经济经纬,2008(2).
[72] 朱凌,刘百桥.围填海造地的综合效益评价方法研究[J].海洋开发与管理,2009(2).
[73] 刘育,龚凤梅,夏北成.关注填海造陆的生态危害[J].环境科学动态,2003(4).
[74] 任远,王勇智.关于因地制宜科学围填海造地的思考——以温州为例[J].中国海洋大学学报(社会科学版),2008(2).
[75] 黄玉凯.福建省围填海造地的环境影响分析及对策[J].中国环境管理,2002(4).
[76] 邱惠燕.厦门市填海造地进程的初步研究[D].厦门大学,2009.
[77] 刘伟,刘百桥.我国围填海现状、问题及调控对策[J].广州环境科学,2008(2).
[78] 刘大海,丰爱平,刘洋,马林娜.围填海造地综合损益评价体系探讨[J].海岸工程,2006(2).
[79] 尹晔,赵琳.关于填海造陆的思考[J].时代经贸,2008(6).
[80] 刘育,龚凤梅,夏北成.关注填海造陆的生态危害[J].环境科学动态, 2003 (4).
[81] 苗丽娟.围填海造成的生态环境损失评估方法初探[J].环境与可持续发展,2007(1).
[82] 胡小颖,周兴华,刘峰,彭琳,辛海英,杨凤丽.关于围填海造地引发环境问题的研究及其管理对策的探讨[J].海洋开发与管理,2009(10).

[83] 陈书全.关于加强我国围填海工程环境管理的思考[J].海洋开发与管理,2009(9).
[84] 兰香.围填海开发对海洋产业的影响分析[J].中国水运,2009(5).
[85] 陈伟琪,王首.围填海对海岸带生态系统服务功能的负面影响分析及其货币化评估技术探讨[C].中国海洋学会2007年学术年会.2007.
[86] 高平毅.上海石化围填海造地工程经济效益研究[J].企业科技与发展,2008(8).
[87] 刘伟,刘百桥.外国围填海现状、问题及调控对策[J].广州环境科学,2008(23).
[88] 刘霜,张继民,唐伟.浅议我国填海工程海域使用管理中亟须引入生态补偿机制[J].海洋开发与管理,2008(11).
[89] 汪阳红,围填海造地的经验教训及启示[N].中国海洋报,2007(1).
[90] 张军岩,于格.世界各国(地区)围填海造地发展现状及其对我国的借鉴意义[J].国土资源,2008(8).
[91] 王棋,于中海.我国海洋综合管理中公众参与的现状分析及其对策[J].海洋信息,2005(4).
[92] 刘育,龚凤梅.关注填海造陆的生态危害[J].环境科学动态,2003(4).
[93] 黄玉凯.围填海造地的环境影响分析及对策[J].中国环境管理,2002(4).
[94] 张洛平.港湾围垦或填海工程环境影响评价存在的问题探讨[J].福建环境,1997(3).
[95] 何起祥,赵洪伟等.荷兰海岸带综合治理[J].海洋地质动态,2002(8).
[96] 周鲁闽,卢昌义.东亚海区的海岸带综合管理经验:从地方性示范到区域性合作[J].台湾海峡,2006(3).
[97] 杨金森,秦德润,王松沛.海岸带和海洋生态经济管理[M].北

京:海洋出版社,2000.
[98] 杨辉.海域使用论证存在的问题及对策研究[J].海洋开发与管理,2007(6).
[99] 苗丽娟.围填海造成的生态环境损失评估方法初探[J].环境与可持续发展,2007(1).
[100] 彭本荣,洪华生,陈伟琪,薛雄志,曹秀丽,彭晋平.填海造地生态损害评估:理论、方法及应用研究[J].自然资源学报,2005(9).
[101] 王志勇,赵庆良,邓岳,陈会东.围填海造陆形成后对生态环境和渔业资源的影响——以天津临港工业区滩涂开发一期工程为例[J].城市环境与城市生态,2004(12).
[102] 孙书贤.关于围填海造地管理对策的探讨[J].海洋开发与管理,2004(6).
[103] 刘育,龚凤梅,夏北成.关注填海造陆的生态危害[J].环境科学动态,2003(4).
[104] 刘霜,张继民,唐伟.浅析我国填海工程海域使用管理中亟须引入生态补偿机制[J].海洋开发与管理,2008(11).
[105] 张继民,刘霜,马文斋.浅析我国区域建设用海亟需实施战略环评[J].海洋开发与管理.2009,26(1).
[106] 欧冬妮,刘敏,侯立军,等.围垦对东海农场沉积物无机氮分布的影响[J].海洋环境科学,2002,21(3).
[107] 袁兴中,陆健健.围垦对长江口南岸底栖动物群落结构及多样性的影响[J].生态学报,2001,21(10).
[108] 唐承佳,陆健健.围垦堤内迁徙鸻鹬群落的生态学特性[J].动物学杂志, 2002,37(2).
[109] 葛宝明,鲍毅新,郑祥.灵昆岛围垦滩涂潮沟大型动物群落生态学研究[J].生态学报,2005,25(3).
[110] 慎佳泓,胡仁勇,李铭红等.杭州湾和乐清湾滩涂围垦对湿地植物多样性的影响[J].浙江大学学报(理学版),2006,33(3).